普通高等教育"十三五"规划教材
暨智能制造领域人才培养规划教材

控制工程基础

吴华春　　石志良　　童晓玲　　编著
齐洪方　　肖书浩　　张和平

U0303291

华中科技大学出版社
中国·武汉

内 容 简 介

本书主要介绍经典控制理论中时域分析、频域分析和控制系统设计与校正的方法。全书共分6章,第1章、第2章介绍了控制系统工作原理及组成、数学模型等基础知识;第3章和第4章介绍了控制系统分析方法;第5章为PID控制律及控制系统设计与校正;第6章为硬盘和磁悬浮小球控制实例设计。每章均配套有教学提示、教学要求、深化拓宽、案例、小结和习题。本书既可作为高等学校近机械类和非机械类专业控制工程基础课程的教材,也可作为自考教材和高职高专工科机械类、机电类专业教材,并可供相关专业的师生和工程技术人员参考。

图书在版编目(CIP)数据

控制工程基础/吴华春等编著 . 一武汉:华中科技大学出版社,2017.7(2024.1重印)
ISBN 978-7-5680-3219-3

Ⅰ.①控… Ⅱ.①吴… Ⅲ.①自动控制理论-高等学校-教材 Ⅳ.①TP13

中国版本图书馆 CIP 数据核字(2017)第 181622 号

控制工程基础
Kongzhi Gongcheng Jichu

吴华春 石志良 童晓玲
齐洪方 肖书浩 张和平 　编著

策划编辑:余伯仲
责任编辑:姚　幸
封面设计:原色设计
责任校对:祝　菲
责任监印:周治超
出版发行:华中科技大学出版社(中国·武汉)　　　电话:(027)81321913
　　　　　武汉市东湖新技术开发区华工科技园　　　邮编:430223
录　　排:武汉市洪山区佳年华文印部
印　　刷:武汉科源印刷设计有限公司
开　　本:710mm×1000mm　1/16
印　　张:20.5
字　　数:430千字
版　　次:2024年1月第1版第7次印刷
定　　价:59.80元(含教材、习题集)

前　言

在科学研究与社会生产活动的过程中,将人类从复杂、危险、烦琐的劳动环境中解放出来,并大大提高其控制效率,控制工程技术起着越来越重要的作用。控制工程是工程科学的一个分支,它涉及利用反馈原理对动态系统的自动影响,以使得输出值接近期望值。而每一次新的控制理论、控制方法、控制设备的出现,也促进了其他学科与工程技术的发展。控制工程技术已经成为从事科学研究与社会生产的技术人员必须掌握的专业技术基础知识。

"控制工程基础"是机械类专业本科生必修的一门专业基础课。武汉理工大学在20世纪70年代就开设了"控制工程基础"课程,是全国最早开设此课程的高校之一。武汉理工大学的教师经过几十年的教学和科研实践,在教学内容、教材和实验室建设等方面积累了很多宝贵经验和科研案例素材,并力图将这些经验体会、案例素材融入本书的内容中,以便读者能更全面、更深入地了解"控制工程基础"的全貌。

1. 课程简介

"控制工程基础"是控制理论在机械工程实践中具体应用的分支学科,它的研究对象是工程中的各种功率流、物质流、信息流的控制系统,其内容着重从信息的角度,阐述和讨论各种控制系统性能的理论分析方法和控制系统的工程设计方法。

"控制工程基础"课程主要介绍经典控制理论,阐述和讨论单输入单输出系统的理论分析方法和以校正方法为主的系统综合方法。

"控制工程基础"课程的特点是理论性、逻辑性较强,概念术语多,需要用到微分方程、复变函数、拉氏变换等数学工具。因此,课程教学应强调理论联系实际,从物理本质、数学描述等方面阐明物理概念,以基本概念为核心,以基本原理、基本方法为主线进行教学。在教学体系上以系统分析为重点,按分析方法展开,从时域分析逐渐进入频域分析,从连续系统再到离散系统。讲授本课程时,要求学生自学 MATLAB 语言,并能用该语言解答习题和进行控制系统设计。

"控制工程基础"课程的知识点及其联系如下所示。

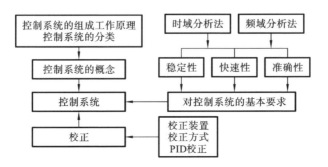

2. 课程知识点索引

1）控制系统及建模

系统（控制、控制系统）；自动控制；开环控制；闭环控制；复合控制；恒值控制；程序控制；伺服控制；连续控制；离散控制；稳定性；准确性；快速性；反馈（正、负）；数学模型；解析建模；实验建模；微分方程；标准型；负载效应。

2）传递函数

典型环节；拉氏变换；线性定理；微分定理；积分定理；延迟定理；位移定理；初值定理；终值定理；拉氏反变换；待定系数；简单极点；复数极点；重极点；方框图；计算法则；等效法则；梅森公式；开环传递函数；闭环传递函数；偏差传递函数。

3）时间响应

典型信号；时间响应；阶跃响应；脉冲响应；速度响应；微积分性质；稳态分量；瞬态分量；欠阻尼；临界阻尼；过阻尼；零阻尼；负阻尼；性能指标；上升时间；峰值时间；调整时间；平稳性；振荡次数；最大超调量；稳态误差；终值定理；误差系数；位置误差系数；速度误差系数；加速度误差系数。

4）频率响应

频率响应；频率特性；幅频特性；相频特性；实频特性；虚频特性；极坐标图（Nyquist 图，奈奎斯特图）；对数坐标图（Bode 图，伯德图）；最小相位；相位交界频率；幅值交界频率；相位裕量；幅值裕量；谐振频率；谐振峰值；截止频率；劳斯判据；劳斯阵列；内积、外积；复角定理；奈奎斯特判据；伯德判据；穿越。

5）系统分析及校正

校正；校正装置（控制器）；校正实质；校正方式；串联校正；反馈校正；顺馈校正；干扰补偿；P 校正；PI 校正；PD 校正；PID 校正。

本书共 6 章。第 1 章介绍了开环控制、闭环控制、复合控制的原理，控制过程的物理本质，单变量反馈控制系统的组成和分类，以及系统基本要求的稳定性、快速性、准确性概念。第 2 章介绍了数学模型的概念、建模方法、拉普拉斯变换、传递函数、数学模型的图解方法。第 3 章介绍了控制系统时域分析，包括稳定性分析、瞬态性能、稳态误差分析与计算。第 4 章介绍了控制系统的频域分析，包括频域响应与频率特性的概念，频率特性的图解方法，控制系统的开环频率特性，频域性能指标与时域性能指标的关系。第 5 章介绍了 PID 控制规律及基于频域分析的控制系统设计和校正。第 6 章为应用实例，以硬盘为控制对象，运用计算机辅助设计技术，进行控制系统的设计和校正。如此安排教学内容，有助于读者循序渐进掌握控制工程的知识；其他专业教师选用本书时，适当取舍内容后可适应不同层次及不同专业的教学要求。

本书由武汉理工大学吴华春、石志良、童晓玲，武汉华夏理工学院齐洪方，武昌首义学院肖书浩，以及武汉理工大学张和平共同编著，并由吴华春统稿。石志良编写第 2 章,齐洪方编写第 3 章,张和平编写第 4 章,肖书浩和童晓玲编写第 5 章,吴华春编写其余章节。书中部分内容参考了相关企业的产品资料和兄弟院校同行作者的有关著作,在此对书中所引用的相关教材与其他资料的作者、译者和单位一并表示感谢!

　　由于编者水平有限,书中难免存在不足及欠妥之处,恳请同行及广大读者批评指正。

编著者

2017 年 3 月于武汉

微信扫一扫　　　　　　微信扫一扫

目　　录

第1章 绪 论

教学提示

引导初学者正确理解控制系统的基本概念,控制系统的工作原理及其组成,反馈的含义,控制系统的基本类型,控制系统的基本要求。

教学要求

正确理解控制系统的工作原理,掌握控制系统的构成和各部分的作用,理解反馈及反馈控制的基本概念,掌握控制系统的基本要求,了解本课程应用领域。

深化拓宽

引入经典控制理论,介绍控制理论的发展及现代控制理论的基本内容;结合控制系统的组成框图,介绍计算机控制系统,并说明现代工业企业的控制方法及实施物理构件。

1.1 控制理论的基本含义

微信扫一扫

控制在生活、生产、农业、军事、管理等各个领域,特别在国民经济的各个部门一直发挥着十分重要的作用,并有着非常广泛的应用。例如:日常生活中的交通灯控制、硬盘驱动控制、空调温度控制;工业生产中的轧钢、造纸、自动加工;现代农业中的自动打捆机、节水灌溉、病虫害检测;军事和航天中的火控系统、雷达跟踪、人造卫星;社会经济中的人口控制、财贸信贷控制等。控制理论已经渗透到各个领域,并伴随着其他科学技术的发展,极大地改变了整个世界。控制理论的核心思想就是通过信息的检测、传递、加工并加以反馈来进行控制。

"控制工程"是控制理论在机械工程实践中具体应用的分支学科,它的研究对象是工程中的各种功率流、物质流、信息流的控制系统,其内容着重从信息的角度,阐述和讨论各种控制系统性能的理论分析方法和控制系统的工程设计方法。简单讲,就是利用控制理论及技术解决现代工业、农业以及其他社会经济等领域日益增长的自动化、智能化需求的重要工程问题。因此,控制理论在工程和科学技术发展过程中起着非常重要的作用。

控制理论从解决生产实践问题开始,反过来又大大促进了生产技术,从而派生出"控制工程论"这一新型的技术科学。根据自动控制理论的内容和发展阶段,控制理论可分为经典控制理论和现代控制理论。

1.1.1 经典控制理论

经典控制理论即古典控制理论,也称为自动控制理论。早在古代,人们就凭借生产实践中积累的丰富经验和对反馈概念的直观认识,发明了许多闪烁控制理论智慧火花的杰作。如两千年前我国发明的指南车,北宋时代利用天衡装置制造的水运仪象台,还有 20 世纪初研制的飞机电动陀螺稳定装置,现在发展成自动驾驶仪,但这仅仅是人们在实践中直观探索的结果,尚无理论上的指导。

随着导弹和航天活动的发展,对飞行器控制的精度要求大大提高,原来在控制系统设计中因缺乏系统理论指导而采用的试凑法已不能满足设计需要,必须寻求相关理论来指导控制系统的设计。第二次世界大战期间,由于建造飞机自动驾驶仪、雷达跟踪系统、火炮瞄准系统等军事装备的需要,推动了控制理论的飞跃发展。1948 年,维纳(N. Wiener)发表了著名的《控制论》,从而基本上形成了经典控制理论,使控制工程有了系统的理论支撑。经典控制理论是以传递函数为基础,以时域法、频域法和根轨迹法作为分析和综合系统方法,主要研究单输入单输出这类系统的分析和控制问题。1954 年,我国科学家钱学森发表了《工程控制论》这一名著,将控制论推广到工程技术领域,为"控制工程"奠定了理论基础。

1.1.2 现代控制理论

20 世纪 50 年代,由于军事、空间技术、数控技术及现代设备日益增加的复杂性要求,特别是电子计算机技术的成熟和现代应用数学的发展,控制工程出现了一个迅猛发展时期,控制理论达到了一个新阶段,产生了现代控制理论。特别是在1892 年,俄国的李雅普诺夫(Lyapunov)提出系统稳定性判定方法;1957 年,美国的贝尔曼(R. I. Bellman)提出了动态规划理论;1960 年,美国的卡尔曼(R. E. Kalman)提出了卡尔曼滤波理论。这些推动了现代控制理论的发展。现代控制理论的应用目前已遍及工业、农业、交通、环境、军事、生物、医学、经济、金融和社会各个领域,与机械工程、计算机技术、仪器仪表工程、电气工程、电子与信息工程等领域密切相关。

现代控制理论是以状态空间法为基础,研究多输入、多输出、时变参数、分布参数、随机参数、非线性等控制系统的分析和设计问题。现代控制理论的核心之一是最优控制理论。这种理论改变了经典控制理论以稳定性和动态品质为中心的设计方法,将系统在整个工作期间的性能作为一个整体来考虑,寻求最优控制规律,从而大大改善系统的性能,如发动机燃料和转速控制、轨迹修正最优时间控制、最优航迹控制、自动着陆控制等。现代控制理论主要包含线性系统理论、非线性系统理论、最优控制理论、随机控制理论和适用控制理论。

1.2　控制系统的基本概念

1.2.1　系统的概念

系统是由若干相互作用和相互依赖的事物组合而成的具有特定功能的整体。任何事物都是一个整体,大至宇宙、国家、复杂的工业过程,小至一个单位、一个器件。在工程领域,系统可以是机械的、液压的、电的、气动的、热的、生物医学的,或者这些系统的某种组合,如磁悬浮列车就是由机、电、磁、热等系统组成。

通常一个较大系统可能包括若干个较小的子系统。不仅系统的各部分之间存在非常紧密的联系,而且系统与外界之间也存在一定的联系,如图 1.1 所示。将外界对系统的作用称为输入或激励,它包括给定的输入和干扰,即图 1.1 中的 $x_i(i=1,2,\cdots,n)$;将系统对外界的作用称为输出或响应,即图 1.1 中的 $y_i(i=1,2,\cdots,n)$。通常,输入和输出都是物理变量。例如:温度、压力、液位、电压、位移、速度等。

图 1.1　系统的表示

系统可大可小,可繁可简,甚至可"实"可"虚",完全由研究的需要而定,通常将它们统称为广义系统。从信息论的观点出发,任何系统的组成都包括物质、能量、信息三个要素。物质构成系统的形体,系统的运动离不开能量,而信息则是系统的灵魂。

1.2.2　控制与自动控制的概念

微信扫一扫

"人猿相揖别,只几个石头磨过"。人——控制者,工具——被控制者,也称为控制对象。控制就是反映人和工具关系的一个概念。概括来讲,控制就是按照预先给定的目标,改变系统行为或性能的方法。例如轧制钢坯,轧出厚度一致的高精度铁板中的温度控制、成分控制、厚度控制、张力控制等。那么什么是自动控制呢?

自动控制是指在没有人直接参与的情况下,利用外加的设备或装置(称控制装置或控制器),使机器、设备或生产过程(统称被控对象)的某个工作状态或参数(即被控量)自动地按照预定的规律运行。众所周知,人造卫星按指定的轨道运行,并始终保持正确的姿态,使它的太阳能电池的一面一直朝向太阳,无线电天线一直指向地球;金属切削机床的速度在电网电压或负载发生变化时,能自动保持近似地不变;化学反应釜的温度或压力自动地维持恒定,人体体温始终保持在一定范围等。以上这些案例都体现了自动控制的结果:当外界条件发生变化时,系统能自动调节,适应其变化。

因此,就系统及其输入、输出三者之间的动态关系而言,控制工程　微信扫一扫主要研究并解决如下两个方面的问题。

（1）系统分析：在系统的结构和参数已经确定的条件下，对系统的性能进行分析，并提出改善性能的途径。

（2）系统综合：根据系统要实现的任务，给出稳态和动态性能指标，要求组成一个系统，并确定适当的参数，使系统满足给定的性能指标。

1.3　控制系统的工作原理与组成

1.3.1　控制系统的工作原理

下面以恒温控制系统为例，分析其控制过程。实现恒温控制有人工控制（manual control）和自动控制（automatic control）两种方法。首先来讨论人工控制。

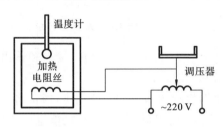

图 1.2　人工控制的恒温箱

对于人工控制的恒温箱，可以通过调压器改变加热电阻丝的电流，以达到控制温度的目的，箱内温度是由温度计测量的，图 1.2 所示为人工控制的恒温箱简图。要实现这样一个恒温控制系统，必须解决以下几个问题。

1）控制目的是什么

克服外来干扰，保持恒温箱内的温度恒定在某个给定的希望值上，这个希望值就是系统的输入信号（输入量，在这里就是设定的温度）。

2）受控对象是什么

图 1.2 中的受控对象就是恒温箱。

3）输出信号（受控量）是什么

描述受控对象行为、状态特征的某个物理量。输出信号是受输入信号控制的信号，总是要求它随输入信号变化而变化的。故输出信号就是恒温箱内的实际温度。

4）输出信号如何检测

采用各种检测装置（传感器）将输出物理量转换为电量。人工控制是通过观测温度计来检测实际温度的。

综上所述，图 1.2 所示的人工控制过程可总结如下。

（1）通过人眼观察测量元件（温度计）测出恒温箱的温度（被控制量）。

（2）将被测温度与要求的温度值（给定值）进行比较，得出偏差的大小和方向。

（3）根据偏差的大小和方向进行控制。当恒温箱温度低于所要求的给定温度时，就移动调压器动触头使电流增加，产生更多的热量，温度升高；反之移动调压器动触头使电流减小,温度降低。

　　因此,人工控制的过程就是测量、求偏差、再控制以纠正偏差的过程。简单地讲就是"检测偏差,纠正偏差"。

　　这种人工控制方式要求操作者随时观察箱内温度的变化情况,随时进行调节。可见劳动量大,且受操作者情绪影响。那么能否找到一个控制器代替人的职能呢?把人工控制变成一个自动控制系统,图1.3 所示的就是一个利用热电偶检测、调压器调整的自动控制系统。

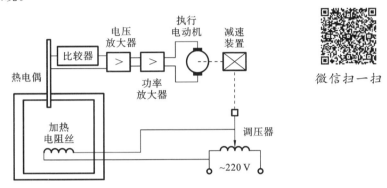

微信扫一扫

图 1.3　恒温箱的自动控制系统

　　图1.3 中的恒温箱实际温度由热电偶转换为对应的电压 u_2;期望温度由电压 u_1 给定,并与实际温度 u_2 比较得到温度偏差信号 Δu;温度偏差信号经电压、功率放大后,用以驱动执行电动机,并通过减速装置拖动调压器。当温度偏高时,调压器动触头向减小电流的方向运动(左),反之加大电流(右),直到温度达到给定值为止,此时,偏差 $\Delta u = 0$,电动机停止转动。这样就完成了所要求的控制任务,这些装置便组成了一个自动控制系统。

　　上述恒温箱的控制过程可以用职能方块图表示成图1.4 所示的框图。其中⊗代表比较元件,箭头表示信号传递方向。从图1.4 中可以看出反馈控制的基本原理,各环节的作用是单向的,每个环节的输出是受输入控制的。虽然控制装置不同,但反馈控制的原理却是相同的。可以说,反馈控制是实现自动控制最基本的方法。

微信扫一扫

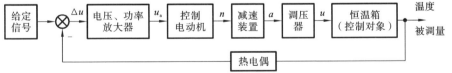

图 1.4　恒温箱自动控制框图

　　对比恒温箱的人工控制和自动控制过程,两种控制是极其相似的,即测量装置类似人的眼睛,控制器类似人脑,执行机构好比人手。它们的共同点就是都要检测偏差,并用检测到的偏差去纠正偏差。因此可以说,没有偏差就不会有控制调节过程。

在自动控制系统中,偏差就是通过反馈建立起来的。反馈就是检测输出量送回到输入端,并与输入信号相比较产生偏差信号的过程。若反馈的信号与输入信号相减,使产生的偏差越来越小,则称为负反馈,见图 1.5 所示的液位控制系统;反之,则称为正反馈,见图 1.6 所示的液位控制系统。反馈控制就是采用负反馈并利用偏差进行控制的过程,而且,由于引入了被控量的反馈信息,整个控制过程为闭合的,因此反馈控制也称闭环控制。

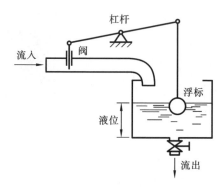 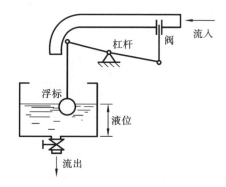

图 1.5　液位负反馈控制　　　　　　　图 1.6　液位正反馈控制

　　综上所述,可以得到控制系统的工作原理:① 检测输出量(被控制量)的实际值;② 将输出量的实际值与给定值(输入量)进行比较得出偏差;③ 用偏差值产生控制调节作用去消除偏差,使得输出量维持期望的输出。

1.3.2　控制系统的组成

微信扫一扫

　　通过恒温箱的温度控制分析可发现,不同的控制对象或生产过程,利用相应的控制元件组成不同用途的控制系统,组成这些控制系统的元件可以是电气的、机械的或液压的。系统的结构也不尽相同,但这些系统一般均采用负反馈的基本结构,其典型的控制系统框图如图 1.7 所示。一般包括给定元件、反馈元件、比较元件、放大元件、执行元件及校正元件等。下面阐述各个元件的含义及作用。

　　(1)给定元件(reference input):根据系统输出量的期望值,产生系统的给定输入信号的环节,如将期望恒定的温度值转换为相应电压值。

　　(2)反馈元件(measurement):对系统输出量的实际值进行测量,将它转换成反馈信号并使反馈信号成为与给定输入信号同类型、同数量级的物理量的环节。主要是各种传感器。

　　(3)比较器(comparing element):将参考输入信号和反馈信号进行比较,产生偏差信号的环节,如:电压比较电路、平衡电桥等。

　　(4)控制器(controller):根据输入的偏差信号,按一定的控制规律,产生相应的控制信号的环节,如:放大器、触发器、微处理器等。

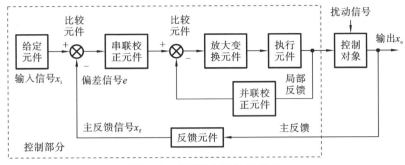

图 1.7 典型控制系统的组成

（5）执行元件（actuator）：在控制信号作用下，进行功率放大（功率流、物质流、信息流从该环节进入系统），直接推动被控对象，使被控制量发生变化的环节，如：晶闸管整流装置、液压缸、电动机等。

（6）被控对象（controlled object）：控制系统所要控制的设备或生产过程，它的输出量就是被控制量，如：水箱水位控制系统中的水箱、房间温度控制系统中的房间、火炮随动系统中的火炮、电动机转速控制系统中电动机所带的负载等。

1.4 控制系统的基本类型

微信扫一扫

1.4.1 按控制策略分类

1. 开环控制系统

当一个系统以所需的方框图表示而没有反馈回路时，称之为开环控制系统（open-loop control system），如图 1.8 所示的数控机床工作台控制系统。该类系统具有无自动纠偏能力，系统组成简单，当系统元件特性和参数稳定、外界干扰小时，可保证需要的精度。如自动售货机、自动洗衣机、产品生产自动线、指挥交通的红绿灯转换等。

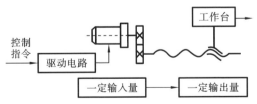

图 1.8 数控机床的开环控制系统

2. 闭环控制系统

当一个系统以所需的方框图表示而存在反馈回路时，称之为闭环控制系统（close-loop control system），如图 1.9 所示的数控机床的闭环控制系统。该类系统

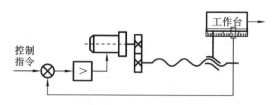

图 1.9　数控机床的闭环控制系统

由于具有反馈环节,系统输出量对控制作用有直接影响,当出现干扰时,可以自动减弱其影响,故精度高,但控制灵敏度过大,成本高不易维修。如恒温控制箱、发动机电喷系统、导弹防御系统等。

3. 半闭环控制系统

控制系统的反馈信号不是直接从系统的输出端引出,而是间接地取自中间的测量元件的系统,称之为半闭环控制系统(half-closed-loop control system)。如图 1.10 所示的丝杠补偿控制系统,其特点介于开环和闭环控制系统之间,如数控机床的位置伺服控制系统。

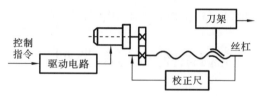

图 1.10　数控机床的丝杠补偿控制系统

4. 复合控制系统

复合控制系统(compound control system)是由两个及两个以上简单控制系统组合起来,用来控制一个或同时控制多个参数的控制系统,如图 1.11 所示的数控机床的复合控制系统。一般同时采用闭环控制和开环控制的控制方式,如管式加热炉的控制、电液复合控制系统等。

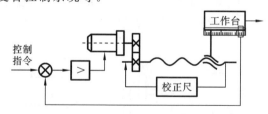

图 1.11　数控机床的复合控制系统

1.4.2　按输入信号的性质分类

1. 恒值控制系统

恒值控制系统(fixed set-point control system)的输入是已知的恒定值,其任务就是保证在任何扰动作用下系统的输出量为恒值,如恒温箱控制、闭环调速系统和电网电压、频率控制等。

2. 程序控制系统

程序控制系统(program control system)的输入量的变化规律预先确知,输入装置根据输入的变化规律,发出控制指令,使被控对象按照指令程序的要求而运动,如打印机、绘图仪、数控加工系统等。

3. 伺服控制系统

伺服控制系统(servo control system)的输入量的变化规律不能预先确知,其控制要求是输出量迅速、平稳地跟随输入量的变化,并能排除各种干扰因素的影响,准确地复现输入信号的变化规律,如仿形车床加工系统、火炮自动瞄准系统、跟随卫星的雷达天线系统等。

1.4.3　按传递信号的性质分类

1. 连续控制系统

各部分传递的信号为随时间连续变化量的系统称为连续控制系统(continuous control system)。连续控制系统通常采用微分方程描述。用线性微分方程描述的系统称为线性系统,不能用线性微分方程描述、存在着非线性部件的系统称为非线性系统。

2. 离散控制系统

系统中某一处或多处的信号为脉冲序列或数字量传递的系统称为离散控制系统(discrete control system)。离散控制系统通常采用差分方程描述,图 1.12 所示为典型的离散控制系统框图。

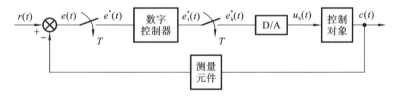

图 1.12　离散控制系统

偏差信号 $e(t)$ 是模拟信号,经过 A/D 变换后转换成离散的数字信号 $e^*(t)$ 进入数字控制器,数字控制器按照一定的控制规律处理输入信号,完成控制器的功能,经过 D/A 变换后转换成模拟信号 $u_h(t)$。

1.5　控制系统的性能要求

控制理论是研究自动控制规律的一门学科。尽管控制系统有不

微信扫一扫

同的类型、不同的特殊要求,但对于各类系统来说,在已知系统的结构和参数时,感兴趣的都是系统在某种典型输入信号下,其被控量变化的全过程。例如,对于恒值控制系统是研究扰动作用引起被控量变化的全过程,对随动系统是研究被控量如何克服扰动影响并跟随输入量的变化过程。但是,对每一类系统被控量变化全过程提出的共同基本要求都是一样的,且可以归结为稳定性、准确性、快速性和鲁棒性,即稳、准、快、健的要求。

1. 稳定性

稳定性(stability)是指系统受到扰动后,能重新恢复到原来平衡状态的性能。不稳定的系统是不能正常工作的。因此,稳定是一个控制系统的首要条件。若系统受扰动作用前处于平衡状态,受扰动作用后系统偏离了原来的平衡状态,扰动消失以后系统能够回到受扰动以前平衡状态,则称系统是稳定的。如果扰动消失后,不能够回到受扰以前的平衡状态,甚至随时间的推移对原来平衡状态的偏离越来越大,这样的系统就是不稳定的系统。

2. 准确性

控制精度问题用稳态误差衡量。所谓稳态误差是指系统达到稳态时被控量的实际值和希望值之间的误差,误差越小,表示系统控制精度越高越准确(accuracy)。一个暂态性能好的系统既要过渡过程时间短(快速性,简称"快"),又要过渡过程平稳、振荡幅度小(平稳性质称"稳")。

3. 快速性

快速性(dynamic properties)是指系统输出跟上输入的速度及跟随性能,消除偏差的快慢程度及其过程的振荡强弱程度。因为工程上的控制系统总是存在惯性,如电动机的电磁惯性、机械惯性等,致使系统在扰动量给定量发生变化时,被控量不能突变,要有一个过渡过程,即暂态过程。在工程上暂态性能是非常重要的。一般来说,为了提高生产效率,系统应有足够的快速性,但是如果过渡时间太短,系统机械冲击会很大,容易影响机械寿命,甚至损坏设备;反之过渡时间太长,会影响生产效率。

4. 鲁棒性

鲁棒性(robustness)是指系统特性抵御各种摄动因素影响的能力,如系统结构不确定性、参数不确定性及外界干扰的能力。引起系统结构变异或参数摄动的原因是多方面的,如由于对象的建模误差、制造公差、元器件老化、零部件磨损和系统运行环境的变化等。系统性能受参数摄动影响的属性称为系统的灵敏度。如果一个控制系统的灵敏度低,抗干扰性好,则称该系统的鲁棒性好。

本 章 小 结

控制工程是控制理论在机械工程实践中具体应用的分支学科,它的研究对象是工程中的各种功率流、物质流、信息流控制系统,其内容着重从信息的角度,阐述和讨论各种控制系统性能的理论分析方法和控制系统的工程设计方法。本章主要内容如下。

（1）从系统、输入（激励）、输出（响应）三者关系和控制的概念引伸出控制系统的一般概念：控制器加上被控对象即构成控制系统的一般组成。

（2）开环控制、闭环（反馈）控制、半闭环控制、复合控制的原理、控制过程的物理本质。

（3）单变量反馈控制系统的组成和分类，控制系统一般由受控对象、执行器、检测器和控制器四大部分组成，控制系统一般分成恒值、伺服和过程控制系统。

（4）控制系统的基本要求：稳定性、快速性、准确性。

习 题

1-1 举出几个日常生活中开环控制和闭环控制系统，试用职能方框图说明它们的工作原理，并比较开环控制和闭环控制系统的优缺点。

1-2 试绘制图 1.13 所示离心调速器的职能方框图，并结合控制系统的性能要求分析其稳定性、快速性和准确性的影响情况。

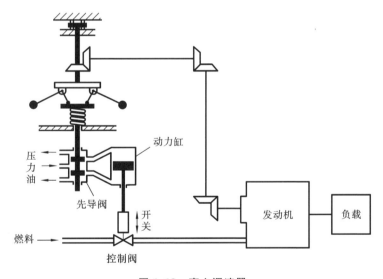

图 1.13 离心调速器

1-3 试从实际的生产或生活中找出一个反馈控制的实例，并绘制该系统的职能方框图，分析说明反馈控制的原理，同时指出控制对象、反馈量、被控制量、给定输入量。

第2章　控制系统的数学模型

教学提示

数学模型的建立是分析问题的基础。通过建立机械系统和电气系统的微分方程，引导初学者弄清建模思路与方法、传递函数的概念、特点及应用，方框图简化或用梅逊公式求传递函数。

教学要求

正确掌握简单机电线性定常系统微分方程的建立方法；理解拉氏变换的定义和基本定理；掌握传递函数的概念、性质和求法；熟悉典型环节传递函数的求解；会通过框图等效变换求取传递函数；了解信号流图及梅逊公式的应用。

深化拓宽

控制工程主要从信息转换、传递、控制的角度来分析系统的性能，并采用控制方法来解决系统结构与性能之间的矛盾，可认为是广义系统动力学，故在系统动力学研究时，通过改变结构参数可改善系统性能。

2.1　控制系统的微分方程

数学模型是反映控制系统输入/输出及内部各变量之间相互关系的数学表达式，它揭示了系统的结构、参数及性能之间的内在关系。因此，在分析和设计一个控制系统之前，需要先建立该系统的数学模型。

由于实际控制系统往往比较复杂，在建模过程中常需忽略一些次要因素，在系统误差允许的范围内用简化的数学模型来表达实际系统，这样就要对实际系统进行全面的分析，把握好模型简化与模型精度之间的尺度。因此，建立合理的系统数学模型是分析和研究系统的关键。

建立控制系统数学模型的方法有解析法和实验法两种。解析法是对系统各部分的运动机理进行分析，依据系统本身所遵循的有关定律列写数学表达式，并在列写过程中进行必要的简化。实验法是通过人为施加某种测试信号，观察其相应输出响应而建立数学模型的方法。这种用实验数据建立数学模型的方法也称为系统辨识。

描述系统数学模型的形式是多种多样的，如在时域分析时常采用微分方程的形式，在复数域常采用传递函数的形式，在频率域常采用频率特性的形式，在现代控制理论中常采用状态空间方程的形式。本章主要介绍系统微分方程的建立方法。

2.1.1　微分方程建立步骤

实际工程中,不管机械、电气、液压控制系统,还是热力、化学控制　微信扫一扫
系统,都可用微分方程描述,因此,微分方程是控制系统最基本的数学模型。下面主
要讨论采用解析法建立控制系统的运动微分方程,主要步骤如下。

（1）根据系统的工作原理,确定系统和各元件的输入、输出量。

（2）从输入端开始,依据各元件所遵循的物理或化学定律,依次列写出各元件的
动态微分方程,并在条件允许的情况下忽略次要因素,使问题简化。

（3）消去中间变量,推导出元件或系统输入、输出变量之间的微分方程。

（4）将微分方程标准化,输入量放在方程的右端,输出量放在方程的左端,并按
各阶导数降幂排列。

2.1.2　控制系统的微分方程

1. 机械系统

微信扫一扫

机械系统中元件的运动有直线运动和旋转运动两种。列写其运动微分方程采用
的物理定律为达朗贝尔原理,即作用于每个质点上的合力与该质点惯性力形成平衡
力系,可用公式表示为

$$-m_i \ddot{x}_i(t) + \sum f_i(t) = 0 \tag{2-1}$$

式中: $\sum f_i(t)$ ——作用在第 i 个质点上的合力;

$m_i \ddot{x}_i(t)$ ——质量 m_i 的质点惯性力。

对直线运动的机械系统,一般采用质量、弹簧和阻尼三个要素描述;而对旋转运
动的机械系统,主要包括转动惯量、扭转弹簧和旋转阻尼。

例 2.1　图 2.1 所示的是由质量、弹簧和阻尼器组成的机械系统,其中 m 为质
量, c 为阻尼系数, k 为弹簧刚度系数。试列写输入 $f(t)$ 与输出 $x(t)$ 之间的微分
方程。

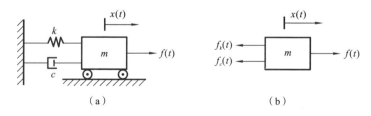

（a）　　　　　　　　　　　　　　（b）

图 2.1　质量-弹簧-阻尼系统

解　该系统在外力 $f(t)$ 的作用下,抵消了弹簧拉力 $f_k(t)$ 和阻尼器的阻力 $f_c(t)$

后,与质点惯性力 $m\dfrac{\mathrm{d}^2 x(t)}{\mathrm{d}t^2}$ 形成平衡力系,应用达朗贝尔原理,该系统的运动微分方程,为

$$m\frac{\mathrm{d}^2 x(t)}{\mathrm{d}t^2}=f(t)-f_k(t)-f_c(t) \tag{2-2}$$

式中: $f_k(t)=kx(t)$ ——弹簧的弹力,其方向与运动方向相反、大小与位移成比例;

$f_c(t)=c\dfrac{\mathrm{d}x(t)}{\mathrm{d}t}$ ——阻尼器的阻尼力,其方向与运动方向相反、大小与速度成正比。

将 $f_k(t)$ 和 $f_c(t)$ 代入式(2-2)中,经整理得该系统的运动微分方程为

$$m\frac{\mathrm{d}^2 x(t)}{\mathrm{d}t^2}+c\frac{\mathrm{d}x(t)}{\mathrm{d}t}+kx(t)=f(t)$$

例 2.2 图 2.2 所示为一旋转机械系统,其中 J 为转动惯量,c 为回转黏性阻尼系数,k 为扭转弹簧刚度系数。试列写输入转矩 T 与输出转角 θ 之间的微分方程。

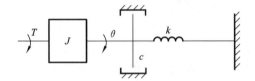

图 2.2　旋转机械系统

解　由达朗贝尔原理可知,外加转矩 T 与转角 θ 间的微分方程为

$$J\frac{\mathrm{d}^2 \theta(t)}{\mathrm{d}t^2}+c\frac{\mathrm{d}\theta(t)}{\mathrm{d}t}+k\theta(t)=T$$

2. 电气系统

电气系统主要包括电阻、电容和电感元件。列写微分方程采用基尔霍夫电压定律和基尔霍夫电流定律。基尔霍夫电压定律为任一闭合回路中电压的代数和恒为零,即 $\sum u=0$;基尔霍夫电流定律为任何时刻,在电路的任一节点上流出的电流总和与流入该节点的电流总和相等,即 $\sum i(t)=0$。运用基尔霍夫定律时,应注意元件中电流的流向及元件两端电压的参考极性。

例 2.3 图 2.3 所示为一 RLC 无源网络,其中 $u_i(t)$ 为输入电压,$u_o(t)$ 为输出电压,$i(t)$ 为电流,R 为电阻,L 为电感,C 为电容。试写出 $u_i(t)$ 和 $u_o(t)$ 之间的微分方程。

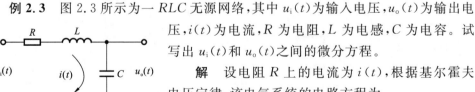

图 2.3　RLC 无源网络

解　设电阻 R 上的电流为 $i(t)$,根据基尔霍夫电压定律,该电气系统的电路方程为

$$u_i(t)=i(t)R+L\frac{\mathrm{d}i(t)}{\mathrm{d}t}+u_o(t)$$

$$u_o(t) = \frac{1}{C}\int i(t)\,\mathrm{d}t$$

消去中间变量 $i(t)$，得输入和输出间的微分方程为

$$LC\,\frac{\mathrm{d}^2}{\mathrm{d}t^2}u_o(t) + RC\,\frac{\mathrm{d}}{\mathrm{d}t}u_o(t) + u_o(t) = u_i(t)$$

例 2.4　图 2.4 所示为有源网络，其中 $u_i(t)$ 为输入电压，$u_o(t)$ 为输出电压，$i_1(t)$ 和 $i_2(t)$ 为电流，R 为电阻，C 为电容。试写出 $u_i(t)$ 和 $u_o(t)$ 之间的微分方程。

解　设电阻 R 上的电流为 $i_1(t)$，电容上的电流为 $i_2(t)$，由理想运放的虚短和虚断的概念可知

$$\begin{cases} u_a(t) \approx 0 \\ i_1(t) \approx i_2(t) \end{cases}$$

得

$$\frac{u_i(t)}{R} = -C\,\frac{\mathrm{d}u_o(t)}{\mathrm{d}t}$$

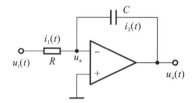

图 2.4　RC 有源网络

消去中间变量，得输入和输出间的微分方程为

$$RC\,\frac{\mathrm{d}u_o(t)}{\mathrm{d}t} = -u_i(t)$$

2.2　拉氏变换与反变换

拉氏变换是拉普拉斯(Laplace)变换的简称，是控制工程中的一种基本数学方法。运用此方法求解线性微分方程，可以将时间函数的导数经拉氏变换后，变成复变量 s 的乘积，将时间表示的微分方程，变成以 s 表示的代数方程，使求解大为简化。

2.2.1　拉氏变换的定义

对于函数 $f(t)$，如果满足下列条件：

(1) 在任何有限区间内，$f(t)$ 分段连续，且只有有限个间断点；

微信扫一扫

(2) $\int_0^\infty f(t)\mathrm{e}^{-at}\,\mathrm{d}t < \infty$，其中 a 为正实数，即 $f(t)$ 为指数级的。

则可定义 $f(t)$ 的拉氏变换 $F(s)$ 为

$$F(s) = L\big[f(t)\big] = \int_0^\infty f(t)\mathrm{e}^{-st}\,\mathrm{d}t \tag{2-3}$$

式中：L——拉氏变换符号；

　s——复变量；

　$f(t)$——原函数；

　$F(s)$——$f(t)$ 的拉氏变换函数，也称为象函数。

2.2.2 典型时间函数的拉氏变换

微信扫一扫

实际工程中,对系统进行分析所需的输入信号通常可简化成一个或几个简单信号,这些信号可用一些典型时间函数来表示,本节主要介绍一些典型函数的拉氏变换。

1. 单位阶跃函数

单位阶跃函数定义为

$$1(t) = \begin{cases} 0, & t < 0 \\ 1, & t \geqslant 0 \end{cases} \tag{2-4}$$

由拉氏变换定义,可求得

$$L[1(t)] = \int_0^{+\infty} 1(t) e^{-st} dt = \int_0^{+\infty} e^{-st} dt = -\frac{1}{s} e^{-st} \Big|_0^{+\infty} = \frac{1}{s} \tag{2-5}$$

2. 单位脉冲函数

单位脉冲函数定义为

$$\delta(t) = \begin{cases} 0, & t \neq 0 \\ \infty, & t = 0 \end{cases} \tag{2-6}$$

由拉氏变换定义,可求得

$$L[\delta(t)] = \int_0^{+\infty} \delta(t) e^{-st} dt = e^{-st} \Big|_{t=0} = 1 \tag{2-7}$$

3. 单位斜坡函数

单位斜坡函数定义为

$$f(t) = \begin{cases} 0, & t < 0 \\ t, & t \geqslant 0 \end{cases} \tag{2-8}$$

由拉氏变换定义,可求得

$$L[f(t)] = \int_0^{\infty} t e^{-st} dt = -\frac{1}{s} \left[t e^{-st} \Big|_0^{+\infty} - \int_0^{+\infty} e^{-st} dt \right] = \frac{1}{s^2} \tag{2-9}$$

4. 指数函数

指数函数定义为

$$f(t) = \begin{cases} 0, & t < 0 \\ e^{-at}, & t \geqslant 0 \end{cases} \tag{2-10}$$

由拉氏变换定义,可求得

$$L[f(t)] = \int_0^{\infty} e^{-at} e^{-st} dt = \int_0^{\infty} e^{-(s+a)t} dt = \frac{1}{s+a} \tag{2-11}$$

5. 正弦函数

根据欧拉公式 $e^{j\omega t} = \cos\omega t + j\sin\omega t$ 和 $e^{-j\omega t} = \cos\omega t - j\sin\omega t$ 可求得

$$\sin\omega t = \frac{1}{2j} (e^{j\omega t} - e^{-j\omega t}) \tag{2-12}$$

由拉氏变换定义,可求得

$$L[\sin\omega t] = \frac{1}{2\mathrm{j}} \left(\int_0^\infty \mathrm{e}^{\mathrm{j}\omega t}\,\mathrm{e}^{-st}\,\mathrm{d}t - \int_0^\infty \mathrm{e}^{-\mathrm{j}\omega t}\,\mathrm{e}^{-st}\,\mathrm{d}t \right)$$

$$= \frac{1}{2\mathrm{j}} \left(\frac{1}{s-\mathrm{j}\omega} - \frac{1}{s+\mathrm{j}\omega} \right) = \frac{\omega}{s^2+\omega^2} \tag{2-13}$$

6. 余弦函数

根据欧拉公式可求得

$$\cos\omega t = \frac{1}{2\mathrm{j}} (\mathrm{e}^{\mathrm{j}\omega t} + \mathrm{e}^{-\mathrm{j}\omega t}) \tag{2-14}$$

由拉氏变换定义,可求得

$$L[\cos\omega t] = \frac{1}{2} \left(\int_0^\infty \mathrm{e}^{\mathrm{j}\omega t}\,\mathrm{e}^{-st}\,\mathrm{d}t + \int_0^\infty \mathrm{e}^{-\mathrm{j}\omega t}\,\mathrm{e}^{-st}\,\mathrm{d}t \right)$$

$$= \frac{1}{2} \left(\frac{1}{s-\mathrm{j}\omega} + \frac{1}{s+\mathrm{j}\omega} \right) = \frac{s}{s^2+\omega^2} \tag{2-15}$$

表 2-1 为常用函数的拉氏变换对照表。

表 2-1 拉氏变换对照表

序　　号	原函数 $f(t)$	象函数 $F(s)$
1	$\delta(t)$	1
2	$1(t)$	$\dfrac{1}{s}$
3	t	$\dfrac{1}{s^2}$
4	e^{-at}	$\dfrac{1}{s+a}$
5	$t\mathrm{e}^{-at}$	$\dfrac{1}{(s+a)^2}$
6	$\sin\omega t$	$\dfrac{\omega}{s^2+\omega^2}$
7	$\cos\omega t$	$\dfrac{s}{s^2+\omega^2}$
8	t^n $(n=1,2,3,\cdots)$	$\dfrac{n!}{s^{n+1}}$
9	$t^n\mathrm{e}^{-at}$ $(n=1,2,3,\cdots)$	$\dfrac{n!}{(s+a)^{n+1}}$
10	$\dfrac{1}{b-a}(\mathrm{e}^{-at} - \mathrm{e}^{-bt})$	$\dfrac{1}{(s+a)(s+b)}$
11	$\mathrm{e}^{-at}\sin\omega t$	$\dfrac{\omega}{(s+a)^2+\omega^2}$
12	$\mathrm{e}^{-at}\cos\omega t$	$\dfrac{s+a}{(s+a)^2+\omega^2}$

续表

序　号	原函数 $f(t)$	象函数 $F(s)$
13	$\dfrac{1}{a^2}(at-1+\mathrm{e}^{-at})$	$\dfrac{1}{s^2(s+a)}$
14	$\dfrac{\omega_\mathrm{n}}{\sqrt{1-\xi^2}}\mathrm{e}^{-\xi\omega_\mathrm{n}t}\sin\omega_\mathrm{n}\sqrt{1-\xi^2}\,t$	$\dfrac{\omega_\mathrm{n}^2}{s^2+2\xi\omega_\mathrm{n}s+\omega_\mathrm{n}^2}$　$(0<\xi<1)$

2.2.3　拉氏变换定理

微信扫一扫

1. 线性定理

已知函数 $f_1(t)$、$f_2(t)$ 的拉氏变换为 $F_1(s)$、$F_2(s)$，对于常数 k_1、k_2，则有

$$L[k_1f_1(t)+k_2f_2(t)]=k_1F_1(s)+k_2F_2(s) \tag{2-16}$$

此定理可由拉氏变换定义直接求证。

2. 延迟定理

已知函数 $f(t)$ 的拉氏变换为 $F(s)$，则对任一正实数 a，有

$$L[f(t-a)]=\mathrm{e}^{-as}F(s) \tag{2-17}$$

证明：

$$
\begin{aligned}
L[f(t-a)] &= \int_0^{+\infty} f(t-a)\mathrm{e}^{-s}\mathrm{d}t \\
&= \int_0^{+\infty} f(\tau)\mathrm{e}^{-s(a+\tau)}\mathrm{d}(a+\tau) \quad (t-a=\tau) \\
&= \mathrm{e}^{-as}\int_0^{+\infty} f(\tau)\mathrm{e}^{-s\tau}\mathrm{d}\tau \\
&= \mathrm{e}^{-as}F(s)
\end{aligned}
$$

3. 位移定理

已知函数 $f(t)$ 的拉氏变换为 $F(s)$，则对任一常数 a，有

$$L[\mathrm{e}^{-at}f(t)]=F(s+a) \tag{2-18}$$

证明：

$$
\begin{aligned}
L[\mathrm{e}^{-at}f(t)] &= \int_0^{+\infty} \mathrm{e}^{-at}f(t)\mathrm{e}^{-st}\mathrm{d}t \\
&= \int_0^{+\infty} f(t)\mathrm{e}^{-(s+a)t}\mathrm{d}t \\
&= F(s+a)
\end{aligned}
$$

例 2.5　求 $\mathrm{e}^{-at}\cos\omega t$ 的拉氏变换。

解　由余弦函数的拉氏变换可知

$$L[\cos\omega t]=\frac{s}{s^2+\omega^2}$$

运用复数域的位移定理,有

$$L[e^{-at}\cos\omega t] = \frac{s+a}{(s+a)^2+\omega^2}$$

4. 微分定理

已知函数 $f(t)$ 的拉氏变换为 $F(s)$,则有

$$L\left[\frac{\mathrm{d}f(t)}{\mathrm{d}t}\right] = L[f'(t)] = sF(s) - f(0) \tag{2-19}$$

式中:$f(0)$——函数 $f(t)$ 在 $t=0$ 时的值。

证明:根据拉氏变换的定义,有

$$L\left[\frac{\mathrm{d}f(t)}{\mathrm{d}t}\right] = \int_0^{+\infty} \frac{\mathrm{d}f(t)}{\mathrm{d}t} e^{-st}\,\mathrm{d}t = \int_0^{+\infty} e^{-st}\,\mathrm{d}f(t)$$

$$= e^{-st}f(t)\Big|_0^{+\infty} + s\int_0^{+\infty} f(t)e^{-st}\,\mathrm{d}t$$

$$= sF(s) - f(0)$$

同理可推导出函数 $f(t)$ 各阶导数的拉氏变换为

$$L\left[\frac{\mathrm{d}^2 f(t)}{\mathrm{d}t^2}\right] = s^2 F(s) - sf(0) - f^{(1)}(0)$$

$$\vdots$$

$$L\left[\frac{\mathrm{d}^n f(t)}{\mathrm{d}t^n}\right] = s^n F(s) - s^{n-1}f(0) - s^{n-2}f^{(1)}(0) - \cdots - f^{(n-1)}(0) \tag{2-20}$$

式中:$f'(0), \cdots, f^{(n-1)}(0)$——函数 $f(t)$ 的各阶导数在零时刻的值。

当函数 $f(t)$ 的各阶导数的初始值均为零时,微分定理转换为

$$L\left[\frac{\mathrm{d}f(t)}{\mathrm{d}t}\right] = sF(s)$$

$$L\left[\frac{\mathrm{d}^2 f(t)}{\mathrm{d}t^2}\right] = s^2 F(s)$$

$$\vdots$$

$$L\left[\frac{\mathrm{d}^n f(t)}{\mathrm{d}t^n}\right] = s^n F(s)$$

运用微分定理可将函数 $f(t)$ 的求导运算转化为代数运算,从而简化了计算过程。

5. 积分定理

已知函数 $f(t)$ 的拉氏变换为 $F(s)$,则有

$$L\left[\int f(t)\mathrm{d}t\right] = \frac{1}{s}F(s) + \frac{1}{s}f^{(-1)}(0) \tag{2-21}$$

式中:$f^{(-1)}(0)$——积分 $\int f(t)\mathrm{d}t$ 在 $t=0$ 时的值。

证明:根据拉氏变换的定义,有

$$L\left[\int f(t)\mathrm{d}t\right] = \int_0^{+\infty}\left[\int f(t)\mathrm{d}t\right]\mathrm{e}^{-st}\,\mathrm{d}t$$

$$= -\frac{1}{s}\mathrm{e}^{-st}\left[\int f(t)\mathrm{d}t\right]\Big|_0^{+\infty} + \frac{1}{s}\int_0^{+\infty}f(t)\mathrm{e}^{-st}\,\mathrm{d}t$$

$$= \frac{1}{s}F(s) + \frac{1}{s}f^{(-1)}(0)$$

同理,可推导出函数 $f(t)$ 各重积分的拉氏变换为

$$L\left[\iint f(t)\mathrm{d}t\right] = \frac{1}{s^2}F(s) + \frac{1}{s^2}f^{(-1)}(0) + \frac{1}{s}f^{(-2)}(0)$$

$$\vdots$$

$$L\left[\underset{n}{\iiint} f(t)\mathrm{d}t\right] = \frac{1}{s^n}F(s) + \frac{1}{s^n}f^{(-1)}(0) + \cdots + \frac{1}{s}f^{(-n)}(0) \tag{2-22}$$

式中:$f^{(-1)}(0),\cdots,f^{(-n)}(0)$——函数 $f(t)$ 的各重积分在 $t=0$ 时的值。

当函数 $f(t)$ 各阶导数的初始值均为零时,积分定理转换为

$$L\left[\int f(t)\mathrm{d}t\right] = \frac{1}{s}F(s)$$

$$L\left[\iint f(t)\mathrm{d}t\right] = \frac{1}{s^2}F(s)$$

$$\vdots$$

$$L\left[\underset{n}{\iiint} f(t)\mathrm{d}t\right] = \frac{1}{s^n}F(s) \tag{2-23}$$

6. 初值定理

已知函数 $f(t)$ 的拉氏变换为 $F(s)$,则有

$$f(0) = \lim_{t\to 0}f(t) = \lim_{s\to\infty}sF(s) \tag{2-24}$$

证明:根据微分定理,可知

$$L\left[\frac{\mathrm{d}f(t)}{\mathrm{d}t}\right] = \int_0^{+\infty}\frac{\mathrm{d}f(t)}{\mathrm{d}t}\mathrm{e}^{-st}\,\mathrm{d}t = sF(s) - f(0)$$

对等式两边取极限:令 $s\to\infty$,则有

$$\lim_{s\to\infty}\int_0^{+\infty}\frac{\mathrm{d}f(t)}{\mathrm{d}t}\mathrm{e}^{-st}\,\mathrm{d}t = \lim_{s\to\infty}[sF(s) - f(0)]$$

$$0 = \lim_{s\to\infty}sF(s) - f(0)$$

$$f(0) = \lim_{t\to 0}f(t) = \lim_{s\to\infty}sF(s)$$

7. 终值定理

已知函数 $f(t)$ 的拉氏变换为 $F(s)$,则有

$$\lim_{t\to +\infty}f(t) = \lim_{s\to 0}sF(s) \tag{2-25}$$

证明:根据微分定理,可知

$$L\left[\frac{\mathrm{d}f(t)}{\mathrm{d}t}\right] = \int_0^{+\infty}\frac{\mathrm{d}f(t)}{\mathrm{d}t}\mathrm{e}^{-st}\,\mathrm{d}t = sF(s) - f(0)$$

对等式两边取极限:令 $s \rightarrow 0$,则有

$$\lim_{s \rightarrow 0} \int_0^{+\infty} \frac{\mathrm{d}f(t)}{\mathrm{d}t} \mathrm{e}^{-st} \mathrm{d}t = \lim_{s \rightarrow 0} [sF(s) - f(0)]$$

$$f(t) \Big|_0^{+\infty} = \lim_{s \rightarrow 0} sF(s) - f(0)$$

$$f(\infty) = \lim_{t \rightarrow \infty} f(t) = \lim_{s \rightarrow 0} sF(s)$$

终值定理常用于稳态误差的求取。

例 2.6　已知 $L[f(t)] = F(s) = \dfrac{1}{s+a}$,求 $f(0)$ 和 $f(\infty)$。

解　根据初值定理,可求得

$$f(0) = \lim_{s \rightarrow +\infty} sF(s) = \lim_{s \rightarrow +\infty} s \frac{1}{s+a} = 1$$

根据终值定理,可求得

$$f(\infty) = \lim_{s \rightarrow 0} sF(s) = \lim_{s \rightarrow 0} s \frac{1}{s+a} = 0$$

8. 卷积定理

已知函数 $f(t)$ 的拉氏变换为 $F(s)$,函数 $g(t)$ 的拉氏变换为 $G(s)$,则有

$$L[f(t) * g(t)] = L\left[\int_0^t f(t-\lambda)g(\lambda)\mathrm{d}\lambda\right] = F(s)G(s) \tag{2-26}$$

式中,$f(t) * g(t) = \displaystyle\int_0^t f(t-\lambda)g(\lambda)\mathrm{d}\lambda$ 为 $f(t)$ 与 $g(t)$ 的卷积。

证明:

$$L[f(t) * g(t)] = L\left[\int_0^t f(t-\lambda)g(\lambda)\mathrm{d}\lambda\right]$$

$$= \int_0^\infty \left[\int_0^t f(t-\lambda)g(\lambda)\mathrm{d}\lambda\right]\mathrm{e}^{-st}\mathrm{d}t$$

$$= \int_0^\infty \left[\int_0^\infty f(t-\lambda)g(\lambda)\mathrm{d}\lambda\right]\mathrm{e}^{-st}\mathrm{d}t$$

$$= \int_0^\infty g(\lambda)\left[\int_0^\infty f(t-\lambda)\mathrm{e}^{-st}\mathrm{d}t\right]\mathrm{d}\lambda$$

$$= \int_0^\infty g(\lambda)\mathrm{e}^{-s\lambda}F(s)\mathrm{d}\lambda$$

$$= F(s)G(s)$$

2.2.4　拉氏反变换

将象函数 $F(s)$ 变换成与之相对应的原函数 $f(t)$ 的过程称拉氏反变换。拉氏反变换公式为

$$f(t) = L^{-1}[F(s)] = \frac{1}{2\pi \mathrm{j}} \int_{\sigma-\mathrm{j}\infty}^{\sigma+\mathrm{j}\infty} F(s)\mathrm{e}^{st}\mathrm{d}s, \quad t > 0 \tag{2-27}$$

式中:L^{-1}——拉氏反变换的符号。

利用式(2-27)直接进行拉氏反变换的求取要用到复变函数积分,求解过程复杂。对简单的象函数,采用直接查拉氏变换表求取原函数;对复杂的象函数,采用部分分式展开法化成简单的部分分式之和,再求其原函数。

1. 部分分式展开法

对于一般控制系统,其象函数常可写成如下形式。

$$F(s)=\frac{B(s)}{A(s)}=\frac{b_m s^m+b_{m-1}s^{m-1}+\cdots+b_0}{a_n s^n+a_{n-1}s^{n-1}+\cdots+a_0}$$

$$=\frac{k(s-z_1)(s-z_2)\cdots(s-z_m)}{(s-p_1)(s-p_2)\cdots(s-p_n)},\quad n\geqslant m \tag{2-28}$$

式中:$p_1,p_2,\cdots,p_n$——$F(s)$的极点;

$z_1,z_2,\cdots,z_m$——$F(s)$的零点。

2. 象函数 $F(s)$ 只含不同单极点

在这种情况下,象函数可展开成如下部分分式之和。

$$F(s)=\frac{B(s)}{A(s)}=\frac{b_m s^m+b_{m-1}s^{m-1}+\cdots+b_0}{a_n s^n+a_{n-1}s^{n-1}+\cdots+a_0}=\frac{k_1}{s-p_1}+\frac{k_2}{s-p_2}+\cdots+\frac{k_n}{s-p_n} \tag{2-29}$$

式中:k_i——待定系数,可表示为

$$k_i=\frac{B(s)}{A(s)}(s-p_i)\bigg|_{s=p_i}=\frac{B(p_i)}{A'(p_i)},\quad i=1,2,\cdots n \tag{2-30}$$

根据拉氏变换的线性定理,可求得原函数为

$$f(t)=L^{-1}[F(s)]=\sum_{i=1}^{n}k_i e^{p_i t} \tag{2-31}$$

例 2.7 求 $F(s)=\dfrac{s+2}{(s+1)(s-1)(s+3)}$ 的原函数。

解 象函数只拥有简单实数单极点,可展开为

$$F(s)=\frac{s+2}{(s+1)(s-1)(s+3)}=\frac{k_1}{s+1}+\frac{k_2}{s-1}+\frac{k_3}{s+3}$$

根据式(2-30),待定系数如下。

$$k_1=\frac{s+2}{(s+1)(s-1)(s+3)}(s+1)\bigg|_{s=-1}=-\frac{1}{4}$$

$$k_2=\frac{s+2}{(s+1)(s-1)(s+3)}(s-1)\bigg|_{s=1}=\frac{3}{8}$$

$$k_3=\frac{s+2}{(s+1)(s-1)(s+3)}(s+3)\bigg|_{s=-3}=-\frac{1}{8}$$

则

$$F(s)=\frac{s+2}{(s+1)(s-1)(s+3)}=-\frac{1}{4}\frac{1}{s+1}+\frac{3}{8}\frac{1}{s-1}-\frac{1}{8}\frac{1}{s+3}$$

$$f(t)=-\frac{1}{4}e^{-t}+\frac{3}{8}e^{t}-\frac{1}{8}e^{-3t},\quad t\geqslant 0$$

3. 象函数 $F(s)$ 含有重极点

假设象函数 $F(s)$ 有 r 个重极点 p_1，其余极点均不相同，则象函数可展开成如下部分分式之和。

$$F(s) = \frac{B(s)}{A(s)} = \frac{B(s)}{(s-p_1)^r(s-p_{r+1})(s-p_n)}$$

$$= \frac{k_{11}}{(s-p_1)^r} + \frac{k_{12}}{(s-p_1)^{r-1}} + \cdots + \frac{k_{1r}}{(s-p_1)} + \frac{k_{r+1}}{(s-p_{r+1})} + \cdots + \frac{k_n}{(s-p_n)} \quad (2\text{-}32)$$

式中：待定系数 $k_{r+1}, k_{r+2}, \cdots, k_n$ 按式（2-30）求解，$k_{11}, k_{12}, \cdots, k_{1r}$ 分别按下面的公式求解。

$$k_{11} = F(s)(s-p_1)^r \big|_{s=p_1}$$

$$k_{12} = \frac{\mathrm{d}}{\mathrm{d}s}\big[F(s)(s-p_1)^r\big]\big|_{s=p_1}$$

$$k_{13} = \frac{1}{2!}\frac{\mathrm{d}^2}{\mathrm{d}s^2}\big[F(s)(s-p_1)^r\big]\big|_{s=p_1}$$

$$\vdots$$

$$k_{1r} = \frac{1}{(r-1)!}\frac{\mathrm{d}^{r-1}}{\mathrm{d}s^{r-1}}\big[F(s)(s-p_1)^r\big]\bigg|_{s=p_1}$$

象函数 $F(s)$ 的原函数为

$$f(t) = L^{-1}\big[F(s)\big] = \left[\frac{k_{11}}{(r-1)!}t^{(r-1)} + \frac{k_{12}}{(r-2)!}t^{(r-2)} + \cdots + k_{1r}\right]\mathrm{e}^{p_1 t} + \sum_{i=r+1}^{n} k_i \mathrm{e}^{p_i t}$$

$$(2\text{-}33)$$

例 2.8　求 $F(s) = \dfrac{4(s+3)}{(s+2)^2(s+1)}$ 的原函数。

解　象函数中既含有重极点，又含有单独极点，可展开为

$$F(s) = \frac{4(s+3)}{(s+2)^2(s+1)} = \frac{k_{11}}{(s+2)^2} + \frac{k_{12}}{s+2} + \frac{k_3}{s+1}$$

其中

$$k_{11} = \frac{4(s+3)}{(s+2)^2(s+1)}(s+2)^2\bigg|_{s=-2} = -4$$

$$k_{12} = \frac{\mathrm{d}}{\mathrm{d}s}\left[\frac{4(s+3)}{(s+2)^2(s+1)}(s+2)^2\right]\bigg|_{s=-2} = \frac{-8}{(s+1)^2}\bigg|_{s=-2} = -8$$

$$k_3 = \frac{4(s+3)}{(s+2)^2(s+1)}(s+1)\bigg|_{s=-1} = 8$$

$$F(s) = -\frac{4}{(s+2)^2} - \frac{8}{s+2} + \frac{8}{s+1}$$

其对应的原函数为

$$f(t) = L^{-1}\big[F(s)\big] = -4t\mathrm{e}^{-2t} - 8\mathrm{e}^{-2t} + 8\mathrm{e}^{-t}, \quad t \geqslant 0$$

4. 象函数 $F(s)$ 含有共轭复数极点

假设象函数 $F(s)$ 有一对共轭复数极点 p_1 和 p_2，而其余极点均为不相同的实数极点，则象函数可展开成如下部分分式之和。

$$F(s) = \frac{B(s)}{A(s)} = \frac{B(s)}{(s-p_1)(s-p_2)(s-p_3)\cdots(s-p_n)}$$

$$= \frac{B_1 s + B_2}{(s-p_1)(s-p_2)} + \frac{B_3}{s-p_3} + \cdots + \frac{B_n}{s-p_n} \qquad (2\text{-}34)$$

式中：待定系数 $B_3, B_4, \cdots, B_n$ 按式（2-30）求解，B_1 和 B_2 可按下式求解：

$$\left[F(s)(s-p_1)(s-p_2)\right]_{\substack{s=p_1 \\ \text{或} s=p_2}}$$

$$= \left[\frac{B_1 s + B_2}{(s-p_1)(s-p_2)} + \frac{B_3}{s-p_3} + \cdots + \frac{B_n}{s-p_n}\right](s-p_1)(s-p_2) \Bigg|_{\substack{s=p_1 \\ \text{或} s=p_2}} \qquad (2\text{-}35)$$

因为 p_1 和 p_2 为复数，式（2-35）成立前提条件就是方程两边实部、虚部分别相等，得两个方程，联立求解，即得 B_1 和 B_2 两个系数。

例 2.9 求 $F(s) = \dfrac{s+3}{s(s^2+2s+5)}$ 的原函数。

解 首先将象函数的分母因式分解，得

$$F(s) = \frac{s+3}{s(s^2+2s+5)} = \frac{s+3}{s(s+1-j2)(s+1+j2)}$$

则

$$F(s) = \frac{as+b}{s^2+2s+5} + \frac{c}{s}$$

求 a, b 如下。

$$\left[F(s)(s^2+2s+5)\right]_{s=-1+j2} = \left[as+b\right]_{s=-1+j2}$$

有

$$\left[\frac{s+3}{s}\right]_{s=-1+j2} = \left[as+b\right]_{s=-1+j2}$$

$$\frac{2}{5} - j\frac{6}{5} = (b-a) + j2a$$

得 $a = -\dfrac{3}{5}, b = -\dfrac{1}{5}$，利用式（2-30）解得 $c = \dfrac{3}{5}$。

$$F(s) = \frac{3}{5} \cdot \frac{1}{s} - \frac{3}{5} \cdot \frac{s+1}{(s+1)^2+2^2} + \frac{1}{5} \cdot \frac{2}{(s+1)^2+2^2}$$

$$f(t) = L^{-1}[F(s)] = \frac{3}{5} - \frac{3}{5}e^{-t}\cos 2t + \frac{1}{5}e^{-t}\sin 2t$$

$$= \frac{3}{5} - \frac{\sqrt{10}}{5}e^{-t}\left[\frac{1}{\sqrt{10}}\sin 2t - \frac{3}{\sqrt{10}}\cos 2t\right]$$

$$= \frac{3}{5} - \frac{\sqrt{10}}{5}e^{-t}\left[\sin\theta\sin 2t - \cos\theta\cos 2t\right]$$

$$=\frac{3}{5}-\frac{\sqrt{10}}{5}e^{-t}\sin(2t-\theta), \quad t\geqslant0$$

注意：极点的实部为指数函数的幂，决定衰减的快慢；极点的虚部在正弦、余弦函数中，决定振荡的频率。

2.2.5　拉氏变换求解线性微分方程

微信扫一扫

研究控制系统时，首先建立系统微分方程，再给定输入量和初始条件，然后求解该微分方程，揭示系统输出量随时间变化的特性。下面介绍采用拉氏变换求解线性微分方程，为今后引出传递函数概念奠定基础。

例 2.10　设某一控制系统的微分方程为

$$\frac{d^2 x_o(t)}{dt^2}+3\frac{dx_o(t)}{dt}+2x_o(t)=x_i(t)$$

若 $x_i(t)=1(t)$，初始条件分别为 $x'_o(0)=a$、$x_o(0)=b$，试求 $x_o(t)$。

解　对微分方程左边进行拉氏变换，有

$$L\left[\frac{d^2 x_o(t)}{dt^2}\right]=s^2 X_o(s)-sx_o(0)-x'_o(0)$$

$$L\left[3\frac{dx_o(t)}{dt}\right]=3sX_o(s)-3x_o(0)$$

$$L[2x_o(t)]=2X_o(s)$$

利用叠加定理，即得方程左边的拉氏变换：

$$L\left[\frac{d^2 x_o(t)}{dt^2}+3\frac{dx_o(t)}{dt}+2x_o(t)\right]$$

$$=(s^2+3s+2)X_o(s)-(s+3)x_o(0)-x'_o(0)$$

$$=(s^2+3s+2)X_o(s)-(s+3)b-a$$

对右边进行拉氏变换，有

$$L[x_i(t)]=X_i(s)=L[1(t)]=\frac{1}{s}$$

从而

$$(s^2+3s+2)X_o(s)-[(s+3)b+a]=\frac{1}{s}$$

$$X_o(s)=\frac{1}{s(s^2+3s+2)}+\frac{(s+3)b+a}{s^2+3s+2}$$

$$=\frac{A_1}{s}+\frac{A_2}{s+1}+\frac{A_3}{s+2}+\frac{B_1}{s+1}+\frac{B_2}{s+2}$$

求待定系数如下。

$$A_1=\left[\frac{1}{s^2+3s+2}\right]_{s=0}=\frac{1}{2}$$

$$A_2 = \left[\frac{1}{s(s+2)} \right]_{s=-1} = -1$$

$$A_3 = \left[\frac{1}{s(s+1)} \right]_{s=-2} = \frac{1}{2}$$

$$B_1 = \left[\frac{(s+3)b+a}{s+2} \right]_{s=-1} = 2b+a$$

$$B_2 = \left[\frac{(s+3)b+a}{s+1} \right]_{s=-2} = -b-a$$

查拉氏变换表得

$$x_o(t) = \frac{1}{2} - e^{-t} + \frac{1}{2} e^{-2t} + (2b+a)e^{-t} - (b+a)e^{-2t}, \quad t \geqslant 0$$

当初始条件为零时,得

$$x_o(t) = \frac{1}{2} - e^{-t} + \frac{1}{2} e^{-2t}, \quad t \geqslant 0$$

由上述实例可见:

(1) 应用拉氏变换法求解微分方程时,由于初始条件已自动地包含在微分方程的拉氏变换式中,故不需要根据初始条件求积分常数的值就可得到微分方程的全解;

(2) 如果所有的初始条件为零,微分方程的拉氏变换也可以简单地用 s^n 代替 d^n/dt^n 得到;

(3) 系统响应可分为两部分:零状态响应和零输入响应。

2.3　控制系统的传递函数

传递函数是在拉氏变换的基础上,以系统本身的参数描述线性定常系统输入量与输出量的关系式,它表达了系统内在的固有特性,而与输入量和输出量无关。由于微分方程求解过程烦琐,且难以直接从微分方程研究和分析系统的动态特性。如采用拉氏变换对微分方程求解,则可得到代数方程,使求解简化,传递函数就是在使用拉氏变换求解线性常微分方程的过程中引申出来的概念。它求解简便,并可间接分析系统结构参数变化对动态特性的影响,是分析和设计系统的有力工具。

2.3.1　传递函数的定义

线性定常系统的传递函数的定义:在零初始条件下,系统输出量的拉氏变换$X_o(s)$与输入量的拉氏变换 $X_i(s)$ 之比,即

$$G(s) = \frac{X_o(s)}{X_i(s)} \tag{2-36}$$

零初始条件如下:

（1）$t<0$ 时，输入量及其各阶导数均为 0；

（2）输入量施加于系统之前，系统处于稳定的工作状态，即 $t<0$ 时，输出量及其各阶导数也均为 0。

设线性定常系统由下述 n 阶线性常微分方程描述。

$$a_n \frac{\mathrm{d}^n x_o(t)}{\mathrm{d}t^n} + a_{n-1} \frac{\mathrm{d}^{n-1} x_o(t)}{\mathrm{d}t^{n-1}} + \cdots + a_1 \frac{\mathrm{d}x_o(t)}{\mathrm{d}t} + a_0 x_o(t)$$

$$= b_m \frac{\mathrm{d}^m x_i(t)}{\mathrm{d}t^m} + b_{m-1} \frac{\mathrm{d}^{m-1} x_i(t)}{\mathrm{d}t^{m-1}} + \cdots + b_1 \frac{\mathrm{d}x_i(t)}{\mathrm{d}t} + b_0 x_i(t)$$

式中：$n \geqslant m$，当初始条件全为零时，对上式进行拉氏变换

$$(a_n s^n + a_{n-1} s^{n-1} + \cdots + a_1 s + a_0) X_o(s) = (b_m s^m + b_{m-1} s^{m-1} + \cdots + b_1 s + b_0) X_i(s)$$

可得系统传递函数的一般形式为

$$G(s) = \frac{X_o(s)}{X_i(s)} = \frac{b_m s^m + b_{m-1} s^{m-1} + \cdots + b_1 s + b_0}{a_n s^n + a_{n-1} s^{n-1} + \cdots + a_1 s + a_0} \tag{2-37}$$

式（2-37）表示了输入到输出之间信息的传递关系，称为系统的传递函数。

2.3.2　传递函数的基本性质

（1）传递函数是复变量 $G(s)$ 的有理真分式，由于实际系统或元件总具有惯性，所以分子阶次 m 不高于分母阶次 n。

（2）$G(s)$ 取决于系统或元件的结构和参数，与输入量的形式（幅度与大小）无关。

（3）$G(s)$ 虽然描述了输出与输入之间的关系，但它不提供任何该系统的物理结构。只要动态性能相似，不同的物理系统可具有同类型的传递函数。

（4）传递函数的量纲是根据输入量和输出量来决定的，可有可无。

（5）如果 $G(s)$ 已知，那么可以研究系统在各种输入信号作用下的输出响应。当输入为单位脉冲函数时，其相应的脉冲响应（或称权函数）等于传递函数的拉氏反变换。

当输入为单位脉冲函数时，即 $x_i(t) = \delta(t)$，$X_i(s) = 1$，系统输出的拉氏变换等于系统的传递函数，即

$$X_o(s) = G(s) X_i(s) = G(s)$$

取拉氏反变换，其相应的输出响应为

$$x_o(t) = L^{-1}[X_o(s)] = L^{-1}[G(s)] = g(t)$$

传递函数的几点说明如下。

（1）传递函数是一种以系统参数表示的线性定常系统输入量与输出量之间的关系式，传递函数的概念通常只适用于线性定常系统。

（2）传递函数是 s 的复变函数。传递函数中的各项系数和相应微分方程中的各项系数对应相等，完全取决于系统结构参数。

（3）传递函数是在零初始条件下定义的，即在零时刻之前，系统对所给定的平衡工作点处于相对静止状态。因此，传递函数原则上不能反映系统在非零初始条件下的全部运动规律。

（4）传递函数只能表示系统输入与输出的关系，无法描述系统内部中间变量的变化情况。

（5）一个传递函数只能表示一个输入对一个输出的关系，只适合于单输入/单输出系统的描述。

2.3.3　典型环节的传递函数

一个控制系统是由若干元件组成的。通常将具有某种确定信息　微信扫一扫
传递关系的元件、元件组或元件的一部分称为一个环节。一个复杂的系统总可看做由一些典型环节所组成。

控制系统中常用的典型环节有：比例环节（也称放大环节）、惯性环节（也称非周期环节）、微分环节、积分环节、振荡环节和延迟环节（也称传输滞后环节）等。

1. 比例环节

凡输出量不失真、无惯性地跟随输入量并与输入量成正比的环节称为比例环节。其微分方程为

$$x_o(t) = Kx_i(t) \tag{2-38}$$

式中：$x_o(t)$、$x_i(t)$——该环节的输出量、输入量；

K——比例环节的增益或放大环节的放大系数，等于输出量与输入量之比。

式（2-38）经拉氏变换

$$X_o(s) = KX_i(s)$$

则传递函数为

$$G(s) = \frac{X_o(s)}{X_i(s)} = K \tag{2-39}$$

例 2.11　图 2.5 所示为一齿轮传动副，若齿轮传动副无传动间隙，且传动系统刚度无穷大，求该系统的传递函数。其中 $n_i(t)$、$n_o(t)$ 分别为输入轴及输出轴的转速，z_1 和 z_2 为齿轮齿数。

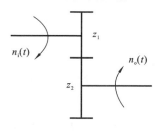

图 2.5　齿轮传动副

解　该齿轮传动副的微分方程为

$$z_1 n_i(t) = z_2 n_o(t)$$

经拉氏变换

$$z_1 N_i(s) = z_2 N_o(s)$$

则传递函数为

$$G(s) = \frac{N_o(s)}{N_i(s)} = \frac{z_1}{z_2}$$

2. 惯性环节

凡运动方程为一阶微分方程形式的环节称为惯性环节。

其微分方程为

$$T \frac{\mathrm{d}}{\mathrm{d}t} x_\mathrm{o}(t) + x_\mathrm{o}(t) = x_\mathrm{i}(t) \tag{2-40}$$

经拉氏变换

$$Ts X_\mathrm{o}(s) + X_\mathrm{o}(s) = X_\mathrm{i}(s)$$

则传递函数为

$$G(s) = \frac{X_\mathrm{o}(s)}{X_\mathrm{i}(s)} = \frac{1}{Ts+1} \tag{2-41}$$

式中：T——惯性环节的时间常数，取决于该环节的结构参数。

由于惯性环节中含有储能元件，不能立即复现输出，而是需要一定的时间，故称此环节具有惯性，其惯性的大小由 T 来决定。

例 2.12　图 2.6 所示为一 RC 无源网络，$u_\mathrm{i}(t)$ 为输入电压，$u_\mathrm{o}(t)$ 为输出电压，$i(t)$ 为电流，R 为电阻，C 为电容。求该系统的传递函数。

解　该无源网络的电路方程为

$$u_\mathrm{i}(t) = i(t)R + \frac{1}{C} \int i(t) \mathrm{d}t$$

$$u_\mathrm{o}(t) = \frac{1}{C} \int i(t) \mathrm{d}t$$

消去中间变量 $i(t)$，得输入和输出间的微分方程为

$$RC \frac{\mathrm{d}}{\mathrm{d}t} u_\mathrm{o}(t) + u_\mathrm{o}(t) = u_\mathrm{i}(t)$$

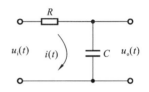

图 2.6　RC 无源网络

经拉氏变换

$$RCs U_\mathrm{o}(s) + U_\mathrm{o}(s) = U_\mathrm{i}(s)$$

则传递函数为

$$G(s) = \frac{U_\mathrm{o}(s)}{U_\mathrm{i}(s)} = \frac{1}{RCs+1} = \frac{1}{Ts+1}$$

式中：$T = RC$，为该系统的时间常数。

该系统中含有储能元件 C 和耗能元件 R，输出落后于输入，构成了惯性环节。

3. 微分环节

凡输出量正比于输入量的微分的环节称为微分环节。其微分方程为

$$x_\mathrm{o}(t) = T \frac{\mathrm{d}}{\mathrm{d}t} x_\mathrm{i}(t) \tag{2-42}$$

经拉氏变换

$$X_\mathrm{o}(s) = Ts X_\mathrm{i}(s)$$

则传递函数为

$$G(s) = \frac{X_o(s)}{X_i(s)} = Ts \tag{2-43}$$

式中：T——微分环节的时间常数。

微分环节不能独立存在于实际系统，这是因为当输入量为阶跃函数时，输出量在理论上将是一个幅值为无穷大而时间宽度为"0"的脉冲。这实际上是不可能的，因此微分环节必须与其他环节同时存在。

例 2.13 图 2.7 所示为一无源网络，$u_i(t)$ 为输入电压，$u_o(t)$ 为输出电压，$i(t)$ 为电流，R 为电阻，C 为电容，求该网络的传递函数。

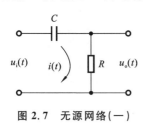

图 2.7 无源网络（一）

解 该无源网络的电路方程为

$$u_i(t) = i(t)R + \frac{1}{C}i(t)dt$$

$$u_o(t) = i(t)R$$

消去中间变量 $i(t)$，得输入量和输出量间的微分方程

$$\frac{d}{dt}u_o(t) + \frac{u_o(t)}{RC} = \frac{d}{dt}u_i(t)$$

经拉氏变换

$$RCsU_o(s) + U_o(s) = RCsU_i(s)$$

则传递函数为

$$G(s) = \frac{U_o(s)}{U_i(s)} = \frac{RCs}{RCs+1} = \frac{Ts}{Ts+1}$$

式中：$T = RC$ 为时间常数。

可以看出，该网络包括惯性环节和微分环节，也称惯性微分环节。当 $Ts \ll 1$ 时，系统近似为微分环节。

4. 积分环节

凡输出量正比于输入量的积分的环节称为积分环节。其微分方程为

$$x_o(t) = \frac{1}{T}\int_0^t x_i(t)dt \tag{2-44}$$

经拉氏变换

$$TsX_o(s) = X_i(s)$$

则传递函数为

$$G(s) = \frac{X_o(s)}{X_i(s)} = \frac{1}{Ts} \tag{2-45}$$

式中：T——积分环节的时间常数。

例 2.14 图 2.8 所示为一无源网络，其中 $i(t)$ 为输入量，$u(t)$ 为输出量，求该网络的传递函数。

解 该无源网络的微分方程为

$$u(t) = \frac{1}{C}i(t)dt$$

经拉氏变换

$$CsU(s) = I(s)$$

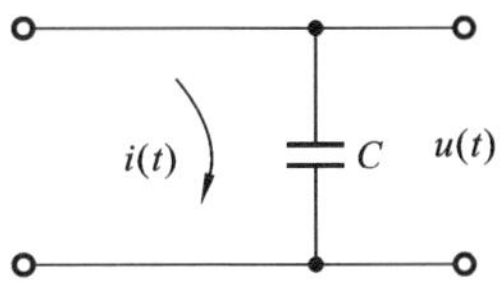

则传递函数为

$$G(s) = \frac{U(s)}{I(s)} = \frac{1}{Cs} = \frac{1}{Ts} \qquad (2\text{-}46)$$

图 2.8　无源网络(二)

式中：$T = C$ 为该系统的时间常数。

5. 振荡环节

振荡环节的运动方程为二阶微分方程形式，它含有两个独立的储能元件，且所储存的能量能够互相转换，故使输出量具有振荡的特性。

其微分方程为

$$T^2 \frac{\mathrm{d}x_o^2(t)}{\mathrm{d}t^2} + 2\xi T \frac{\mathrm{d}x_o(t)}{\mathrm{d}t} + x_o(t) = x_i(t) \qquad (2\text{-}47)$$

经拉氏变换

$$T^2 s^2 X_o(s) + 2\xi T s X_o(s) + X_o(s) = X_i(s)$$

则传递函数为

$$G(s) = \frac{X_o(s)}{X_i(s)} = \frac{1}{T^2 s^2 + 2\xi T s + 1} \qquad (2\text{-}48)$$

式中：T——振荡环节的时间常数；

ξ——阻尼比，通常 $0 \leqslant \xi < 1$。

如果令 $\omega_n = \frac{1}{T}$，则传递函数可改写为

$$G(s) = \frac{\omega_n^2}{s^2 + 2\xi \omega_n s + \omega_n^2} \qquad (2\text{-}49)$$

式中：ω_n——无阻尼固有频率。

例 2.15　图 2.9 所示为一无源网络，$u_i(t)$ 为输入电压，$u_o(t)$ 为输出电压，R 为电阻，C 为电容，L 为电感，求该网络的传递函数。

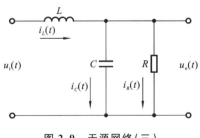

图 2.9　无源网络(三)

解　该无源网络的电路方程为

$$u_i(t) = L \frac{\mathrm{d}i_L(t)}{\mathrm{d}t} + u_o(t)$$

$$u_o(t) = \frac{1}{C} \int i_C(t) \mathrm{d}t = R i_R(t)$$

$$i_L(t) = i_C(t) + i_R(t)$$

消去中间变量，得输入量和输出量间的微分方程

$$LC \frac{\mathrm{d}u_o^2(t)}{\mathrm{d}t^2} + \frac{L}{R} \frac{\mathrm{d}u_o(t)}{\mathrm{d}t} + u_o(t) = u_i(t)$$

经拉氏变换

$$LCs^2 U_\mathrm{o}(s) + \frac{L}{R}s U_\mathrm{o}(s) + U_\mathrm{o}(s) = U_\mathrm{i}(s)$$

则传递函数为

$$G(s) = \frac{U_\mathrm{o}(s)}{U_\mathrm{i}(s)} = \frac{1}{LCs^2 + \frac{L}{R}s + 1} = \frac{\dfrac{1}{LC}}{s^2 + \dfrac{1}{RC}s + \dfrac{1}{LC}} = \frac{\omega_\mathrm{n}^2}{s^2 + 2\xi\omega_\mathrm{n}s + \omega_\mathrm{n}^2}$$

式中:$\omega_\mathrm{n} = \sqrt{\dfrac{1}{LC}}$,$\xi = \dfrac{1}{2R}\sqrt{\dfrac{L}{C}}$。

网络中的储能元件为电感和电容,所储能量相互转换,使输出产生振荡。

6. 延迟环节

凡输出量滞后于输入量时间但不失真地反映输入量的环节称为延迟环节。

其微分方程为

$$x_\mathrm{o}(t) = x_\mathrm{i}(t - \tau) \tag{2-50}$$

经拉氏变换

$$X_\mathrm{o}(s) = \mathrm{e}^{-\tau s} X_\mathrm{i}(s)$$

则传递函数为

$$G(s) = \frac{X_\mathrm{o}(s)}{X_\mathrm{i}(s)} = \mathrm{e}^{-\tau s} \tag{2-51}$$

式中:τ——延迟时间。

延迟环节一般不单独存在,而是与其他环节共同存在。当输入为阶跃函数时,其输出特性如图 2.10 所示。

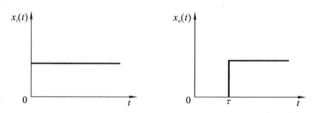

图 2.10　延迟环节的阶跃响应

例 2.16　图 2.11 所示为一带钢轧制的厚度测量装置,带钢从 A 点轧出,厚度为 $h_\mathrm{i}(t)$,此为输入量。由于测厚装置安装在 B 点,所以此厚度到 B 点才被检测到,B 点测到的厚度 $h_\mathrm{o}(t)$ 即为输出量。若 A 点到 B 点的距离为 L,带钢的轧制速度为 v,则延迟时间 $\tau = L/v$。求其传递函数。

解　输入量与输出量之间的关系为

$$h_\mathrm{o}(t) = h_\mathrm{i}(t - \tau)$$

经拉氏变换

$$H_\mathrm{o}(s) = \mathrm{e}^{-\tau s} H_\mathrm{i}(s)$$

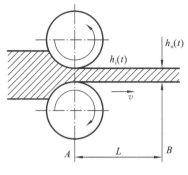

图 2.11　带钢轧制

则传递函数为

$$G(s) = \frac{H_o(s)}{H_i(s)} = \mathrm{e}^{-\tau s} \tag{2-52}$$

2.4　系统方框图及其简化

微信扫一扫

　　一个控制系统是由许多元件构成的。为了形象直观地说明各元件间的相互关系及其功能,清楚地表明信号在系统中的传递、变换过程,常用方框图来表示该系统。方框图也称结构图,是系统数学模型的图解形式,主要由方框、信号线、比较点和引出点组成。

　　方框代表一个环节的输入与输出变量之间的函数关系,如图 2.12 所示。方框内为该环节的传递函数,方框两侧分别为输入量和输出量,其关系式为 $X_o(s) = G(s)X_i(s)$。

　　信号线就是带箭头的有向直线,箭头表示信号的传递方向,直线旁标记信号的时间函数或象函数,如图 2.13 所示。

　　比较点(也称求和点)就是对两个或两个以上具有相同量纲的信号进行加减运算。如图 2.14 所示,比较点各信号线上要标注"＋""－"符号,以表明信号间的加减运算(通常省略"＋"号)。

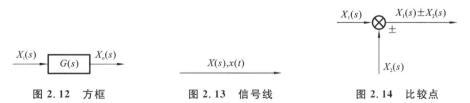

图 2.12　方框　　　　图 2.13　信号线　　　　图 2.14　比较点

　　比较点可以有多个输入,但输出只能有一个。几个相邻的相加点可以互换、合并和分解,如图 2.15 所示,它们都是等效的。

　　引出点(也称分支点)就是将一个信号分成多路输出,如图 2.16 所示。从同一信

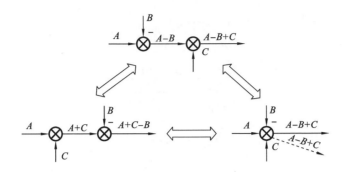

图 2.15　相加点的互换、合并和分解

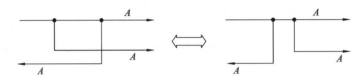

图 2.16　引出点

号线上引出的信号,其性质、大小完全一样,且相邻的引出点可以相互交换位置。

　　用框图表示控制系统,可以形象地表示系统内部各环节、各变量之间的关系,清楚地评价每一个环节对系统的影响,通过框图的简化,可以写出整个系统的传递函数。

2.4.1　控制系统框图绘制步骤

　　(1)写出每一个元件的微分方程,确定输入量与输出量。

　　(2)由微分方程求出各元件的传递函数,并绘出相应的框图。

　　(3)依据信号在系统中的传递关系,将各元件的框图连接起来,输入量置于左端,输出量置于右端,便构成了系统的框图。

　　例 2.17　图 2.6 所示的是 RC 无源网络,$u_o(t)$ 为系统输出,$u_i(t)$ 为该系统输入,试绘制该系统方框图。

　　解　(1)列写各元件的微分方程式。

电阻:
$$Ri(t) = u_i(t) - u_o(t)$$

电容:
$$u_o(t) = \frac{1}{C}\int i(t)\,\mathrm{d}t$$

(2)对各微分方程进行拉氏变换,确定元件的输入/输出,求其传递函数。

电阻:
$$I(s) = \frac{1}{R}[U_i(s) - U_o(s)]$$

电容:
$$U_o(s) = \frac{1}{Cs}I(s)$$

其相应的框图如图 2.17 所示。

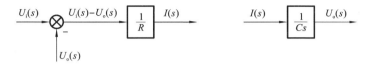

图 2.17　RC 无源网络元件框图

（3）按信号的流向将各元件的框图依次连接，就得到图 2.18 所示的系统框图。

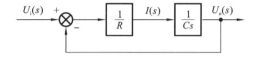

图 2.18　RC 无源网络系统框图

2.4.2　方框图的连接方式

方框图的连接方式主要有三种：串联、并联和反馈连接。

1. 串联连接

串联连接就是将各环节的传递函数按顺序连接起来，其特点是前一环节的输出量为后一环节的输入量。

图 2.19 所示为 3 个环节的串联。

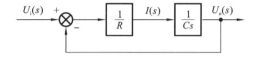

图 2.19　串联连接

由图 2.19 可知

$$U_1(s) = G_1(s) X_i(s)$$

$$U_2(s) = G_2(s) U_1(s) = G_2(s) G_1(s) X_i(s)$$

$$X_o(s) = G_3(s) U_2(s) = G_3(s) G_2(s) G_1(s) X_i(s)$$

则该系统的总传递函数为

$$\frac{X_o(s)}{X_i(s)} = G_1(s) G_2(s) G_3(s) = G(s) \tag{2-53}$$

这种情况可推广到 n 个环节串联的情况，即在没有负载效应（若某元件的输出受到其后元件存在的影响时，这种影响称为负载效应）的情况下，串联环节的等效传递函数等于所有传递函数的乘积。即

$$G(s) = \prod_{i=1}^{n} G_i(s) \tag{2-54}$$

式中：n——串联的环节数。

2. 并联连接

并联连接的特点是几个环节具有相同的输入量，而所有环节的输出量相加(或相减)。图 2.20 为 3 个环节的并联，由图中可知

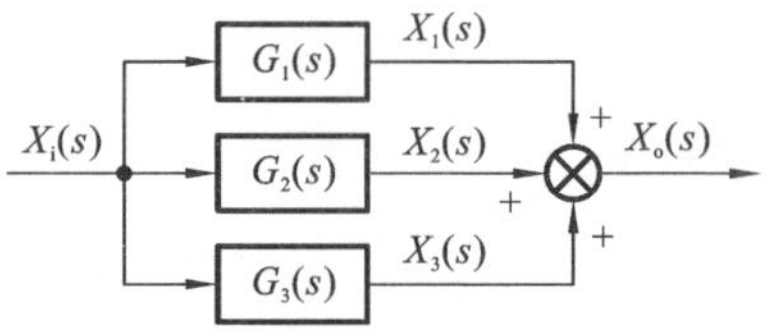

图 2.20 并联连接

$$\begin{aligned}X_o(s) &= X_1(s)+X_2(s)+X_3(s)\\ &= G_1(s)X_i(s)+G_2(s)X_i(s)+G_3(s)X_i(s)\\ &= [G_1(s)+G_2(s)+G_3(s)]X_i(s)\end{aligned}$$

则该系统的总传递函数为

$$\frac{X_o(s)}{X_i(s)}=G_1(s)+G_2(s)+G_3(s)=G(s) \tag{2-55}$$

这种情况可推广到 n 个环节并联的情况，即并联环节的等效传递函数等于各环节传递函数之和(或差)，即

$$G(s)=\sum_{i=1}^{n}G_i(s) \tag{2-56}$$

式中：n——并联的环节数。

3. 反馈连接

反馈连接就是将系统或环节的输出量反馈到输入端，并与输入量比较后重新输入到系统中去。

图 2.21 所示为一反馈连接，其中 $X_i(s)$为输入信号，$X_o(s)$为输出信号。输出量经反馈通道中的传递函数 $H(s)$，得到反馈信号 $B(s)$。输入信号与反馈信号经相加点比较后，得偏差信号 $E(s)$，其作为 $G(s)$的输入，不断改变着系统的输出。当反馈信号与输入信号符号相同时，称正反馈；当反馈信号与输入信号符号相反时，称负反馈；当 $H(s)=1$ 时，称单位反馈。

由图 2.21 可知

$$X_o(s)=G(s)E(s)$$
$$E(s)=X_i(s)\pm B(s)$$
$$B(s)=H(s)X_o(s)$$

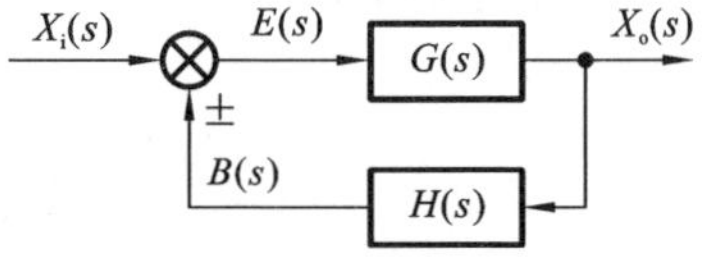

图 2.21 反馈连接

消去 $E(s)$、$B(s)$，得

$$X_o(s)=G(s)[X_i(s)\pm H(s)X_o(s)]$$
$$[1\mp G(s)H(s)]X_o(s)=G(s)X_i(s)$$

则该反馈连接的传递函数为

$$\Phi(s)=\frac{X_o(s)}{X_i(s)}=\frac{G(s)}{1\mp G(s)H(s)} \tag{2-57}$$

2.4.3 方框图的简化

为了分析和研究系统的动态特性，常需对系统的框图进行变换，微信扫一扫

以简化框图,求出整个系统的传递函数。在变换过程中,应保证变换前、后输入量和输出量之间的关系保持不变,即变换前、后的框图是等效的。

虽然在框图变换过程中,可运用串联、并联和反馈方式将其简化为一个等效环节。但由于实际系统复杂,会出现框图交错连接的情况,这就需要通过求和点或引出点的移动来消除各种连接方式之间的交叉,然后再根据串联、并联和反馈进行等效变换。表 2-2 列出了常用方框图等效变换的法则。

表 2-2　方框图的等效变换法则

序号	法则	原　框　图	等　效　框　图
1	框图的串联	$X_i(s) \to \boxed{G_1(s)} \to \boxed{G_2(s)} \to X_o(s)$	$X_i(s) \to \boxed{G_1(s)G_2(s)} \to X_o(s)$
2	框图的并联	$X_i(s)$ 分支至 $\boxed{G_1(s)}$ 与 $\boxed{G_2(s)}$,相加 $(+,+)$ 得 $X_o(s)$	$X_i(s) \to \boxed{G_1(s)+G_2(s)} \to X_o(s)$
3	相加点的后移	$X_i(s)(+)$ 与 $X_1(s)(+)$ 相加 $\to \boxed{G(s)} \to X_o(s)$	$X_i(s) \to \boxed{G(s)} \to (+)\to X_o(s)$,反馈 $X_1(s) \to \boxed{G(s)} \to (+)$
4	相加点的前移	$X_i(s) \to \boxed{G(s)} \to (+)$ 与 $X_1(s)(+)$ 相加 $\to X_o(s)$	$X_i(s)(+)$ 与 $X_1(s)$ 经 $\boxed{1/G(s)}$ 相加 $(+) \to \boxed{G(s)} \to X_o(s)$
5	分支点的后移	$X_i(s) \to \boxed{G(s)} \to X_o(s)$,分支 $\to X_1(s)$	$X_i(s) \to \boxed{G(s)} \to X_o(s)$,分支 $\to \boxed{1/G(s)} \to X_1(s)$
6	分支点的前移	$X_i(s) \to \boxed{G(s)} \to X_o(s)$,分支 $\to X_o(s)$	$X_i(s) \to \boxed{G(s)} \to X_o(s)$,分支 $\to \boxed{G(s)} \to X_o(s)$
7	化简反馈回路	$X_i(s)(+)$ 与反馈 $(\pm)$ 相加 $\to \boxed{G(s)} \to X_o(s)$,反馈 $\boxed{H(s)}$	$X_i(s) \to \boxed{\dfrac{G(s)}{1\mp G(s)H(s)}} \to X_o(s)$

例 2.18 根据方框图的简化法则，简化图 2.22 所示系统框图，并求系统的传递函数。

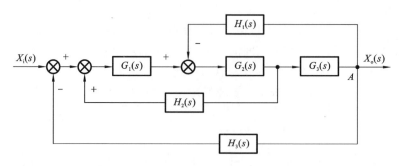

图 2.22　例 2.18 系统框图

解　图 2.22 所示为一个具有 3 个回路的系统，回路之间有交错及相套现象。要利用串联及反馈连接对方框图进行简化，首先要进行比较点或引出点的移动。采用将图 2.22 中的 A 点前移，然后由内到外消去反馈回路的方法进行化简。

（1）A 点前移，消去 $H_1(s)$ 反馈回路，如图 2.23(a)所示。

消去 $G_3(s)H_1(s)$ 反馈回路，如图 2.23(b)所示。

（2）消去 $H_2(s)$ 反馈回路，如图 2.23(c)所示。

（3）消去 $H_3(s)$ 反馈回路，如图 2.23(d)所示。

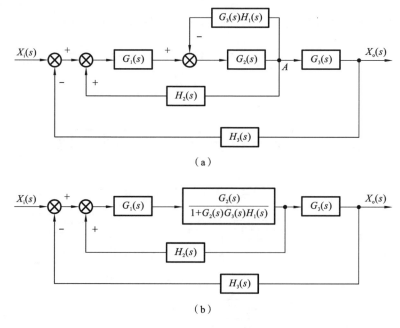

（a）

（b）

图 2.23　图 2.22 的框图简化过程

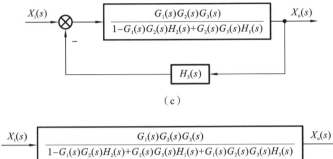

（c）

（d）

续图 2.23

最后得该系统的传递函数为

$$G(s) = \frac{X_o(s)}{X_i(s)} = \frac{G_1(s)G_2(s)G_3(s)}{1 - G_1(s)G_2(s)H_2(s) + G_2(s)G_3(s)H_1(s) + G_1(s)G_2(s)G_3(s)H_3(s)}$$

2.5　控制系统常用传递函数

在工程实际中,控制系统常会受到两类输入信号的作用。一类是有用的给定信号,一类是扰动信号。其典型框图如图 2.24 所示,$X_i(s)$ 为给定的输入信号,$N(s)$ 为扰动信号,$X_o(s)$ 为输出信号,$E(s)$ 为偏差信号,$B(s)$ 为反馈信号。

下面介绍控制系统中常用的几种传递函数。

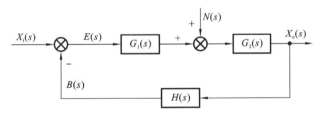

图 2.24　控制系统的典型方框图

2.5.1　闭环系统的开环传递函数

如图 2.24 所示,扰动输入 $N(s)$ 作用为零时,以偏差信号 $E(s)$ 为输入量,以反馈信号 $B(s)$ 为输出量得到的传递函数就称为闭环系统的开环传递函数,即

$$G_k(s) = \frac{B(s)}{E(s)} = G_1(s)G_2(s)H(s) \tag{2-58}$$

注意:闭环系统的开环传递函数不同于开环系统的传递函数。

2.5.2 给定输入作用下的闭环传递函数

令扰动输入 $N(s)=0$，此时系统框图如图 2.25 所示。由给定输入 微信扫一扫
引起的输出信号 $X_{oi}(s)$ 与给定输入信号 $X_i(s)$ 之比就称为给定输入作用下的闭环传
递函数，即

$$\Phi(s)=\frac{X_{oi}(s)}{X_i(s)}=\frac{G_1(s)G_2(s)}{1+G_1(s)G_2(s)H(s)} \tag{2-59}$$

其相应的输出为

$$X_{oi}(s)=\Phi(s)X_i(s)=\frac{G_1(s)G_2(s)}{1+G_1(s)G_2(s)H(s)}X_i(s) \tag{2-60}$$

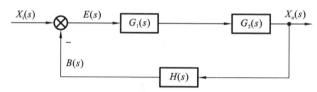

图 2.25 给定输入作用下的系统框图

2.5.3 扰动作用下的闭环传递函数

当讨论扰动作用下的传递函数时，需令给定输入 $X_i(s)=0$，此时 微信扫一扫
系统框图如图 2.26 所示。系统输出信号 $X_{oN}(s)$ 与扰动输入 $N(s)$ 之比就称为扰动
作用下的闭环传递函数，即

$$\Phi_N(s)=\frac{X_{oN}(s)}{N(s)}=\frac{G_2(s)}{1+G_1(s)G_2(s)H(s)} \tag{2-61}$$

其相应的输出为

$$X_{oN}(s)=\Phi_N(s)N(s)=\frac{G_2(s)}{1+G_1(s)G_2(s)H(s)}N(s) \tag{2-62}$$

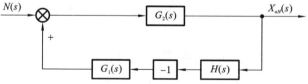

图 2.26 扰动作用下的系统框图

当系统受到 $X_i(s)$ 和 $N(s)$ 同时作用时，根据线性系统的叠加定理，可以求出给
定输入和扰动输入同时作用下，闭环控制系统的总输出 $X_o(s)$ 为

$$X_o(s)=X_{oi}(s)+X_{oN}(s)$$
$$=\frac{G_1(s)G_2(s)}{1+G_1(s)G_2(s)H(s)}X_i(s)+\frac{G_2(s)}{1+G_1(s)G_2(s)H(s)}N(s) \tag{2-63}$$

2.6　信号流图和梅逊公式

方框图为分析控制系统提供了一种有效方法。但当系统较复杂时,框图的简化过程烦琐,且绘图量较大。信号流图是由梅逊(S. J. Mason)提出的一种符号简单、便于绘制、且能表示系统中各变量关系的图形数学模型,可以不进行结构变化而直接求取系统输入和输出信号之间的传递函数。

2.6.1　信号流图

1. 信号流图的常用术语

图 2.27 所示为一系统的信号流图,用来描述信号流图的常用术语主要有以下几种。

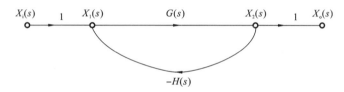

图 2.27　系统的信号流图(一)

(1) 节点:用来表示系统的变量或信号的点,常用符号"o"来表示,它的值等于所有进入该节点的信号之和。图 2.27 中 $X_i(s)$、$X_1(s)$、$X_2(s)$ 和 $X_o(s)$ 为节点。

(2) 支路:用来连接两个节点的定向线段,箭头表示信号的传递方向。支路相当于信号乘法器,支路增益表示两个变量间的因果关系,常标在支路上方。图 2.27 中节点 $X_1(s)$ 到节点 $X_2(s)$ 为一支路,$G(s)$ 为该支路增益。

(3) 输入节点(也称源节点):只有输出支路而无输入支路的节点,代表系统的输入变量。图 2.27 中 $X_i(s)$ 为输入节点。

(4) 输出节点(也称汇点):只有输入支路而无输出支路的节点,代表系统的输出变量。图 2.27 中 $X_o(s)$ 为输出节点。

(5) 混合节点:既有输入支路又有输出支路的节点。图 2.27 中所示 $X_1(s)$ 和 $X_2(s)$ 为混合节点。

(6) 通道:从某个节点出发,沿支路箭头方向穿过各相连支路的路径。图 2.27 中 $X_1(s) \rightarrow X_2(s) \rightarrow X_o(s)$ 为一条通道。

(7) 前向通道:从输入节点到输出节点,且通过任何节点不多于一次的通道。前向通道上各支路增益的乘积称为前向通道的总增益。图 2.27 中 $X_i(s) \rightarrow X_1(s) \rightarrow X_2(s) \rightarrow X_o(s)$ 为前向通道,$G(s)$ 为该前向通道增益。

(8) 回路:起点与终点在同一节点上,且通过任何节点不多于一次的闭合通道。

回路中所有支路增益的乘积称为回路增益。图 2.27 中 $X_1(s) \rightarrow X_2(s) \rightarrow X_1(s)$ 为一条回路，$-G(s)H(s)$ 为该回路增益。

（9）不接触回路：相互间没有任何公共节点的回路。

2. 信号流图的绘制

信号流图既可以根据系统的微分方程来绘制，也可以直接由框图绘出。这里仅介绍如何根据系统的框图来绘制信号流图。

将框图的输入信号、输出信号、比较点及引出点分别作为信号流图的节点，框图的方框对应于信号流图中的支路，将其传递函数标在支路的上方，等同于支路增益。当框图的相加点处有相减的情况时，将"－"号放到相应的信号流图的支路增益中。

为了尽量减少节点的数目，当框图的相加点后面紧临分支点时，可将两节点合并为一个节点；若框图的相加点之前紧临分支点，则需各设置一个节点，两个节点间的增益为1，如图 2.28 所示。

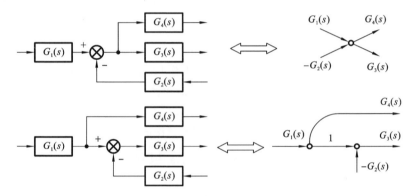

图 2.28　相加点与节点的对应关系

例 2.19　图 2.29 所示为一系统的方框图，试画出其对应的信号流图，并求系统的传递函数。

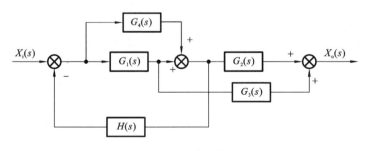

图 2.29　系统的框图

解　该系统的信号流图如图 2.30 所示。

根据信号流图，列出的系统方程式如下。

$$X_1(s) = X_i(s) - H(s)X_3(s)$$

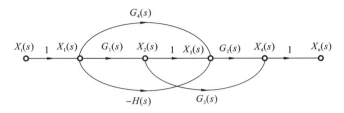

图 2.30　系统的信号流图(二)

$$X_2(s) = G_1(s)X_1(s)$$

$$X_3(s) = X_2(s) + G_4(s)X_1(s)$$

$$X_4(s) = G_2(s)X_3(s) + G_3(s)X_2(s)$$

$$X_o(s) = X_4(s)$$

消去中间变量 $X_1(s)$、$X_2(s)$、$X_3(s)$、$X_4(s)$,可求得该系统的传递函数为

$$G(s) = \frac{G_1(s)G_2(s) + G_1(s)G_3(s) + G_2(s)G_4(s)}{1 + G_1(s)H(s) + G_4(s)H(s)}$$

2.6.2　梅逊公式

梅逊公式是一种直接求取系统传递函数的方法。在已知系统信号流图或框图的情况下,借助于梅逊公式,不需对原系统进行任何结构变换,便可直接求得系统的传递函数。

梅逊公式可表示为

$$G(s) = \frac{\sum\limits_{k=1}^{n} P_k \Delta_k}{\Delta} \tag{2-64}$$

式中:$G(s)$——系统的总传递函数;

n——前向通道的条数;

P_k——第 k 条前向通道的增益;

Δ_k——第 k 条前向通道特征式的余因子,即在 Δ 中,将与第 k 条前向通道相接触回路的回路增益置为零值,余下的 Δ 即为 Δ_k;

Δ——系统的特征式,其计算公式为

$$\Delta = 1 - \sum L_a + \sum L_b L_c - \sum L_d L_e L_f + \cdots \tag{2-65}$$

其中:$\sum L_a$ 为所有不同回路的回路增益之和;

$\sum L_b L_c$ 为所有两条互不接触回路增益的乘积之和;

$\sum L_d L_e L_f$ 为所有 k 条互不接触回路增益的乘积之和。

下面通过两个实例来说明如何运用梅逊公式来求解系统的传递函数。

例 2.20 图 2.31 所示为一系统的信号流图,试利用梅逊公式求该系统的传递函数。

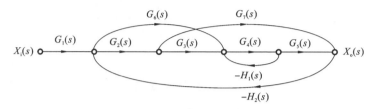

图 2.31 系统的信号流图(三)

解 该系统有 4 条独立的回路,其回路增益分别为:$L_1 = -G_4 H_1$,$L_2 = -G_2 G_7 H_2$,$L_3 = -G_6 G_4 G_5 H_2$,$L_4 = -G_2 G_3 G_4 G_5 H_2$。

其中,L_1 与 L_2 两两互不接触,其回路增益的乘积为 $L_{12} = G_4 G_2 G_7 H_1 H_2$。

从输入量 $X_i(s)$ 到输出量 $X_o(s)$ 之间的前向通道有 3 条,其增益分别为

$$P_1 = G_1 G_2 G_3 G_4 G_5$$
$$P_2 = G_1 G_6 G_4 G_5$$
$$P_3 = G_1 G_2 G_7$$

因 4 条回路都与通道 P_1、P_2 相接触,将它们的回路增益置为零,即得相应的余因子 $\Delta_1 = \Delta_2 = 1$;回路 L_2、L_3 和 L_4 与通道 P_3 相接触,而 L_1 与 P_3 不接触,将接触回路的回路增益设为零,则得相应的余因子 $\Delta_3 = 1 + G_4 H_1$。

由梅逊公式得

$$G(s) = \frac{X_o(s)}{X_i(s)} = \frac{P_1 \Delta_1 + P_2 \Delta_2 + P_3 \Delta_3}{1 - (L_1 + L_2 + L_3 + L_4) + L_1 L_2}$$

$$= \frac{G_1 G_2 G_3 G_4 G_5 + G_1 G_4 G_5 G_6 + G_1 G_2 G_7 + G_1 G_2 G_4 G_7 H_1}{1 + G_4 H_1 + G_2 G_7 H_2 + G_4 G_5 G_6 H_2 + G_2 G_3 G_4 G_5 H_2 + G_2 G_4 G_7 H_1 H_2}$$

例 2.21 图 2.32 所示为一系统的框图,试利用梅逊公式求该系统的传递函数。

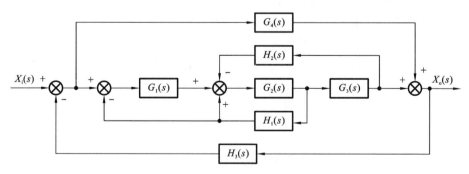

图 2.32 系统的框图

解 该系统有 5 条独立的回路,其回路增益分别为

$$L_1 = G_2 H_1$$

$$L_2 = -G_1G_2H_1$$
$$L_3 = -G_2G_3H_2$$
$$L_4 = -G_1G_2G_3H_3$$
$$L_5 = -G_4H_3$$

其中，L_1 与 L_5、L_2 与 L_5、L_3 与 L_5 两两互不接触，其回路增益的乘积分别为

$$L_1L_5 = -G_2G_4H_1H_3$$
$$L_2L_5 = G_1G_2G_4H_1H_3$$
$$L_3L_5 = G_2G_3G_4H_2H_3$$

从输入量 $X_i(s)$ 到输出量 $X_o(s)$ 之间的前向通道有两条，其增益分别为

$$P_1 = G_1G_2G_3$$
$$P_2 = G_4$$

因 5 条回路都与通道 P_1 相接触，将它们的回路增益设为零，即得相应的余因子 $\Delta_1 = 1$；回路 L_4 和 L_5 与通道 P_2 相接触，而 L_1、L_2 和 L_3 与 P_2 不接触，将接触回路的回路增益设为零，则得相应的余因子 $\Delta_2 = 1 + G_1G_2H_1 - G_2H_1 + G_2G_3H_2$。

由梅逊公式得

$$G(s) = \frac{X_o(s)}{X_i(s)} = \frac{P_1\Delta_1 + P_2\Delta_2}{1 - (L_1 + L_2 + L_3 + L_4 + L_5) + (L_1L_5 + L_2L_5 + L_3L_5)}$$
$$= \frac{G_1G_2G_3 + G_4(1 + G_1G_2H_1 - G_2H_1 + G_2G_3H_2)}{1 - G_2H_1 + G_1G_2H_1 + G_2G_3H_2 + G_4H_3 + G_1G_2G_3H_3 + G_1G_2G_4H_1H_3 - G_2G_4H_1H_3 + G_2G_3G_4H_2H_3}$$

2.7　非线性模型的线性化

微信扫一扫

2.7.1　线性化问题的提出

控制系统的实际组成元件几乎都具有不同程度的非线性特性，求出的控制系统运动微分方程一般是非线性方程。然而非线性微分方程的求解通常很困难。如果能把非线性方程转化为线性方程，将为系统的分析和处理提供很大的方便。

虽然在工程上采用线性化模型近似代替非线性模型能够满足实际需要。然而线性系统是有条件存在的，只在一定的工作范围内具有线性特性。那么什么是线性化呢？

所谓线性化(linearization)是指在一定范围内，用线性方程代替非线性方程的近似处理过程。从几何上看，所谓线性化就是用直线代替曲线。数学处理方法就是将曲线方程在平衡点处取泰勒级数一次近似式。

2.7.2　非线性数学模型的线性化

设某非线性控制系统的输入量为 $x(t)$、输出量为 $y(t)$，其运动微分方程为

$$y = f(x)$$

在工作点或平衡点(x_0, y_0)处,其泰勒级数展开式为

$$y = f(x)$$

$$= f(x_0) + \frac{\mathrm{d}f(x)}{\mathrm{d}x}\bigg|_{x=x_0}(x-x_0) + \frac{1}{2!}\frac{\mathrm{d}^2 f(x)}{\mathrm{d}x^2}\bigg|_{x=x_0}(x-x_0)^2$$

$$+ \frac{1}{3!}\frac{\mathrm{d}^3 f(x)}{\mathrm{d}x^3}\bigg|_{x=x_0}(x-x_0)^3 + \cdots$$

由于输入量偏离工作点的范围较小,故增量 $\Delta x = x - x_0$ 的高次可以忽略不计,则可以近似得到

$$y = f(x_0) + \frac{\mathrm{d}f(x)}{\mathrm{d}x}\bigg|_{x=x_0}(x-x_0)$$

上式即为非线性系统的线性化模型,称为增量方程。$y_0 = f(x_0)$称为系统的静态方程。

对于多个输入变量,同样将方程在工作点附近做泰勒展开,可得线性化方程,假设输出量与输入量 x_1、x_2 有非线性关系,即 $y = f(x_1, x_2)$,同样将这个方程在工作点(x_{10}, x_{20})附近展开成泰勒级数,并忽略二阶和高阶导数项,便可得到 y 的线性化方程为

$$y = f(x_1, x_2)$$

$$= f(x_{10}, x_{20}) + \frac{\mathrm{d}f(x)}{\mathrm{d}x_1}\bigg|_{\substack{x_1=x_{10}\\x_2=x_{20}}}(x_1-x_{10}) + \frac{\mathrm{d}f(x)}{\mathrm{d}x_2}\bigg|_{\substack{x_1=x_{10}\\x_2=x_{20}}}(x_2-x_{20})$$

$$+ \frac{1}{2!}\frac{\mathrm{d}^2 f(x)}{\mathrm{d}x_1^2}\bigg|_{\substack{x_1=x_{10}\\x_2=x_{20}}}(x_1-x_{10})^2 + \frac{1}{2!}\frac{\mathrm{d}^2 f(x)}{\mathrm{d}x_2^2}\bigg|_{\substack{x_1=x_{10}\\x_2=x_{20}}}(x_2-x_{20})^2 + \cdots$$

写成增量方程,则有

$$y - y_0 = \Delta y = k_1 \Delta x_1 + k_2 \Delta x_2$$

式中:$y_0 = f(x_{10}, x_{20})$——静态方程,$k_1 = \dfrac{\mathrm{d}f(x)}{\mathrm{d}x_1}\bigg|_{\substack{x_1=x_{10}\\x_2=x_{20}}}$,$k_2 = \dfrac{\mathrm{d}f(x)}{\mathrm{d}x_2}\bigg|_{\substack{x_1=x_{10}\\x_2=x_{20}}}$。

系统的输入、输出只是在工作点附近的微小变化,致使 $x - x_0$ 很小,其高次项可忽略。这个假设是符合自动控制系统的。因为对于闭环系统而言,只要有偏差,就产生控制作用,以抑制偏差,所以各变量只能在平衡点做微小运动。

综上所述,控制系统线性化微分方程的建立步骤如下。

(1) 确定系统各组成元件在平衡态的工作点。

(2) 列出各组成元件在工作点附近的增量方程。

(3) 消除中间变量,得到以增量表示的线性化微分方程。

由于实际系统组成部件不同,在建立系统运动微分方程时应注意以下问题。

1. 变量形式的选取问题

系统在某一平衡点工作,变量偏离平衡点的偏离量很小,一般只研究系统在平衡点附近的动态特性。因此,总是选择平衡工作点作为坐标系原点,变量采用增量形

式。其优点是系统的初始条件为零,便于求解方程,便于非线性方程进行线性化处理。

2. 负载效应问题

由于后一环节的存在,前一环节的输出受到影响,有如加上了一个负载对前一环节产生影响,这种影响称为负载效应。例如,无源网络输入阻抗对前级的影响、齿轮系对电机转动惯量的影响等。

3. 非线性模型的线性化问题

实际物理元件和系统都是非线性的。非线性分为本质非线性和非本质非线性。如继电器特性、死区、不灵敏区、滞环、传动间隙等都是本质非线性。在一定条件下,为了简化数学模型,可以忽略它们的影响,将它们视为线性元件,如图 2.33 所示。

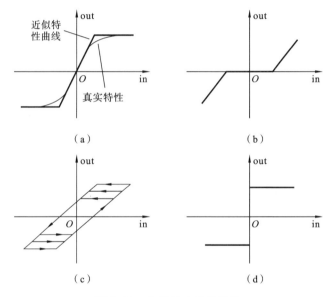

图 2.33　典型的本质非线性

（a）饱和非线性　（b）死区非线性　（c）间隙非线性　（d）继电器非线性

2.8　控制系统建模举例

利用磁力使物体处于无接触悬浮状态是人类一个古老的梦想,人们试图采用永久磁铁实现物体的稳定悬浮,均未成功。直到 1840 年英国剑桥大学的恩休(S. Earnshaw)教授从理论上证明了单靠永久磁铁是不能使物体在空间六个自由度上都保持稳定悬浮的。

目前,可以通过改变电磁铁上线圈的电流产生变化磁场,进而产生可控电磁力悬浮物体,这就是主动磁悬浮轴承。

所谓磁悬浮轴承就是依靠磁力将转子悬浮在设定的位置,具有无机械接触、无摩擦、无磨损、长寿命、免润滑、高效率、低噪声等优点,是典型的高技术产品。由于磁悬浮轴承具有以上一系列独特的优越性,有着极其重要的商业价值,在工业中有着广泛的应用前景。下面以单自由度悬浮小球为例,讨论控制系统的运动微分方程建立和线性化概念。

磁悬浮小球系统主要由铁芯、线圈、位移传感器、控制对象钢球等元件组成,它是一个典型的吸浮式悬浮系统,具体结构如图 2.34 所示。

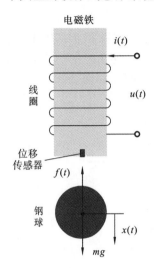

图 2.34 开环磁悬浮小球系统

图 2.34 所示的磁悬浮小球系统表明,当小球某时刻受到一个向下干扰力时,钢球会向下运动,产生位移,此时位移传感器检测到钢球位置,并与给定位置进行比较,得到一个偏差,根据控制算法计算得到一个控制电流,增加电磁力,使得钢球向上运动;反之依然。最终保持钢球在设定位置上。

忽略电磁铁的磁阻、涡流及磁通边缘效应,当钢球有微小偏移时,电磁铁中的电流会发生改变。根据电磁理论得电磁铁对钢球的吸引力

$$f(i,x) = \frac{\mu_0 A N^2}{4} \frac{i^2(t)}{x^2(t)} \tag{2-66}$$

定义系数 K,有

$$K = \frac{\mu_0 A N^2}{4}$$

则有

$$f(i,x) = K \frac{i^2(t)}{x^2(t)} \tag{2-67}$$

对式(2-67)做泰勒展开,有

$$f(i,x) = f(i_0,x_0) + f_i(i_0,x_0)(i-i_0) + f_x(i_0,x_0)(x-x_0) \tag{2-68}$$

其中:

$$f_i(i_0,x_0) = \frac{\mathrm{d}f(i,x)}{\mathrm{d}i} \bigg|_{\substack{i=i_0 \\ x=x_0}} = \frac{2Ki_0}{x_0^2}$$

$$f_x(i_0,x_0) = \frac{\mathrm{d}f(i,x)}{\mathrm{d}x} \bigg|_{\substack{i=i_0 \\ x=x_0}} = -\frac{2Ki_0^2}{x_0^3}$$

由钢球的动力学方程,得

$$m \frac{\mathrm{d}x^2(t)}{\mathrm{d}t^2} = f(i,x) - mg \tag{2-69}$$

在平衡位置,有

$$0 = f(i_0,x_0) - mg \tag{2-70}$$

将式(2-70)和式(2-68)代入式(2-69),可得

$$m \frac{\mathrm{d}x^2(t)}{\mathrm{d}t^2} = \frac{2Ki_0}{x_0^2}(i-i_0) - \frac{2Ki_0^2}{x_0^3}(x-x_0) \tag{2-71}$$

根据拉氏变换,有

$$ms^2 X(s) = \frac{2Ki_0}{x_0^2} I(s) - \frac{2Ki_0^2}{x_0^3} X(s) \tag{2-72}$$

以电流作为输入量、位移作为输出量,变换可得其传递函数为

$$\frac{X(s)}{I(s)} = \frac{\dfrac{2Ki_0}{x_0^2}}{ms^2 + \dfrac{2Ki_0^2}{x_0^3}} \tag{2-73}$$

根据式(2-70),有

$$mg = K \frac{i_0^2}{x_0^2} \tag{2-74}$$

将式(2-74)代入式(2-73),可得

$$\frac{X(s)}{I(s)} = \frac{1}{\dfrac{i_0}{2g}s^2 + \dfrac{i_0}{x_0}} \tag{2-75}$$

线圈可以简化为一个电阻 R 和一个电感 L 组成的电路,根据基尔霍夫电压定律,则有

$$u(t) = Ri(t) + L \frac{\mathrm{d}i(t)}{\mathrm{d}t} \tag{2-76}$$

对式(2-76)进行拉氏变换,可得

$$U(s) = (R+Ls)I(s) \tag{2-77}$$

将式(2-77)代入式(2-75),可得以位移作为输出量、线圈两端的电压作为输入量的传递函数

$$\frac{X(s)}{U(s)} = \frac{1}{\left(\dfrac{i_0}{2g}s^2 + \dfrac{i_0}{x_0}\right)(R+Ls)} \tag{2-78}$$

显然,对于同一个系统,输入量选择不同,系统的阶次是不一样的。因此,在设计系统时,应结合控制精度、复杂程度、设计目标,最终确定输入量。

本 章 小 结

数学模型是研究和分析控制系统的前提,通过机械系统和电气系统微分方程的建立,引导初学者弄清建模思路与方法、传递函数的概念、特点及应用,方框图简化或梅逊公式求传递函数。本章主要内容如下。

(1) 物理动态系统的微分方程的建立,非线性数学模型的线性化。

(2) 拉氏变换与反变换,用拉氏变换求解线性定常微分方程。

（3）传递函数、零点和极点的概念；典型环节的传递函数。

（4）数学模型的图解方法：系统函数方框图的建立、运算法则、等效变换。

（5）控制系统的常用传递函数：开环传递函数，闭环传递函数，误差传递函数，以及开环增益的概念。

习　　题

2-1　图 2.35 所示为 3 个机械系统，其中 c 为阻尼系数，k 为弹簧刚度系数。试列写输入 x_i 与输出 x_o 之间的微分方程。

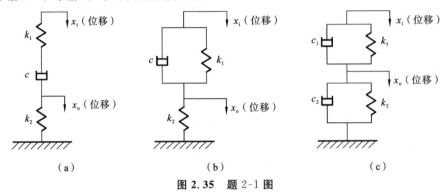

（a）　　　　　　　　（b）　　　　　　　　（c）

图 2.35　题 2-1 图

2-2　图 2.36 所示为一质量、弹簧和阻尼器组成的机械系统，其中 m 为质量，c 为阻尼系数，k 为弹簧刚度系数。试列写输入 $f(t)$ 与输出 $y(t)$ 之间的微分方程。

2-3　已知 $F(s)=\dfrac{1}{(s+3)^2}$，试

（1）利用初值定理求 $f(0)$ 和 $f'(0)$ 的值；

（2）通过拉氏反变换方法求取 $f(0)$ 和 $f'(0)$ 的值。

2-4　试求下列象函数的拉氏反变换。

（1）$F(s)=\dfrac{s+1}{s^2-3s+2}$

（2）$F(s)=\dfrac{10}{(s+1)^2(s+2)}$

（3）$F(s)=\dfrac{2(s+1)}{s(s^2+s+2)}$

（4）$F(s)=\dfrac{s^2+2s+3}{(s+1)^3}$

2-5　求如图 2.37 所示波形表示的函数的拉氏变换。

2-6　图 2.38 所示为 3 个电网络系统，其中 u_i 为输入电压，u_o 为输出电压，i 为电流，R 为电阻，L 为电感，C 为电容。试写出 u_o 和 u_i 之间的微分方程和传递函数。

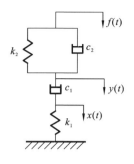

图 2.36 题 2-2 图

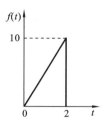

图 2.37 题 2-5 图

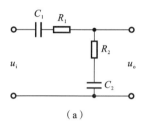

（a）

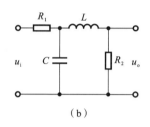

（b）

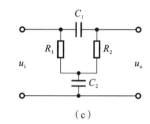

（c）

图 2.38 题 2-6 图

2-7 试求图 2.39 所示机械系统输入 $f(t)$ 与输出 $y(t)$ 之间的运动微分方程和传递函数。其中：m 为质量，c 为阻尼系数，k 为弹簧刚度系数。

2-8 证明图 2.40(a)、图 2.40(b) 所示的两系统具有相同形式的传递函数。

2-9 若线性定常系统在单位阶跃输入下的输出为 $x_o(t) = 1 + e^{-2t} - 2e^{-t}$。试求系统的传递函数。

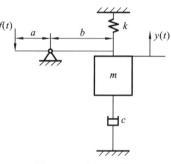

图 2.39 题 2-7 图

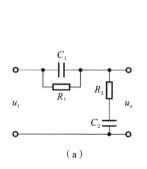

（a）

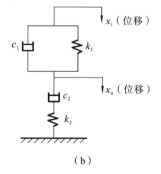

（b）

图 2.40 题 2-8 图

2-10 根据框图的简化法则，求图 2.41 所示系统的传递函数。

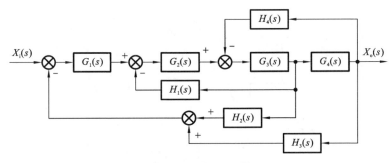

图 2.41　题 2-10 图

2-11　图 2.42、图 2.43 所示为两系统的框图。试利用梅逊公式分别求其传递函数。

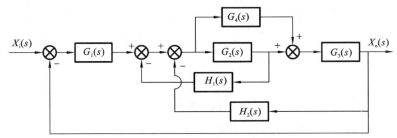

图 2.42　题 2-11 图

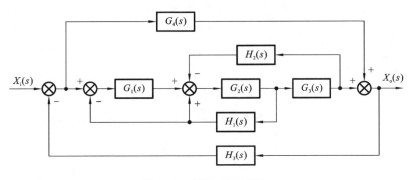

图 2.43　题 2-11 图(续)

2-12　图 2.44 所示为一系统的信号流图。试求该系统的传递函数。

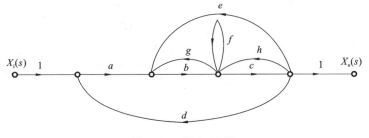

图 2.44　题 2-12 图

2-13　试求图 2.45 所示系统的传递函数 $\dfrac{C(s)}{R(s)}$ 和 $\dfrac{C(s)}{N(s)}$。

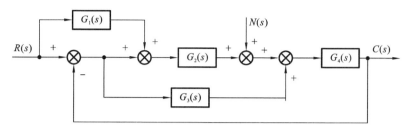

图 2.45　题 2-13 图

第3章 控制系统的时域分析

教学提示

在已知控制系统数学模型的基础上,分析给定输入信号时,系统输出在时域的响应问题。主要分析一阶、二阶和高阶系统的时间响应,控制系统稳定性和稳态误差的分析与计算。

教学要求

要求掌握二阶系统的单位阶跃响应,控制系统的时域性能指标计算和稳态误差的计算;同时了解一阶、二阶系统的瞬态响应、典型输入信号及高阶系统的瞬态响应等内容。

深化拓宽

在控制理论发展初期,时域分析只限于阶次较低的控制系统。随着计算机技术的迅速发展,许多复杂的控制系统都可以在时域直接进行分析和计算,使得时域分析在现代工程控制中得到广泛应用;在时域中,控制系统的性能指标提出了系统的快速性和平稳性,并通过相关方法分析系统准确性和稳定性,比较直观。但频域分析可指出提高系统性能的改善方向。

3.1 时 域 响 应

微信扫一扫

控制系统分析和设计的首要工作是确定系统的数学模型。一旦获得其数学模型,就可以对控制系统进行分析,从而得出改进系统性能的方向。在经典控制理论中,常用时域分析法、根轨迹法和频率法来分析控制系统的性能。其中时域分析法是根据系统的微分方程,以拉普拉斯变换为数学工具,直接解出系统的时间响应,然后根据响应的表达式及其描述曲线来分析系统的性能,诸如稳定性、快速性、稳态误差等。

时域分析法与其他分析法相比,它是一种直接的分析法,具有直观和准确的优点。在控制理论发展初期,由于计算工具的落后,该方法只限于阶次较低的控制系统,尤其适用于二阶系统性能的分析和计算。目前,随着计算机的迅速发展,许多复杂的控制系统都可以在时域直接进行分析和计算,使得时域分析法在现代工程控制中得到了广泛应用。

时域响应描述系统在输入信号的作用下,其输出随时间变化的过程。稳定系统的时域响应由瞬态响应和稳态响应两部分组成。瞬态响应指系统在某一输入信号的

作用下其输出量从初始状态到稳定状态的响应
过程,有时也称为过渡过程。稳态响应指当某
一信号输入时,系统在时间趋于无穷时的输出
状态。图 3.1 所示为某系统在单位阶跃信号作
用下的时域响应。

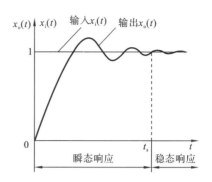

系统的输出量在 t_s(调整时间)时刻达到稳
定状态,在 t 从 0 到 t_s 时间内的响应过程称为瞬
态响应,它直接反映了系统的动态特性;当 t 趋
于无穷时,系统的输出 $x_o(t)$ 即为稳态响应,稳
态响应偏离期望输出值的程度可用来衡量系统
的准确程度。

图 3.1　某系统阶跃响应

3.2　典型输入信号

控制系统受到的外加作用有控制输入和扰动。扰动通常是随机、微信扫一扫
有害的,而控制输入有时其函数形式也不可能事先获得。如对恒温系统或水位调节
系统来说,虽然输入信号为要求的温度或水位高度,但是在防空火炮系统中,敌机的
位置和速度是无法预先获得的。

由于系统的时间响应不仅取决于系统本身的特性,还与外加输入信号的形式有
关。在分析系统的输出量随输入量的变化过程时,遇到的实际问题是系统的输入信
号具有随机的性质,预先无法知道且不能以解析的方式表示。所以,在进行时域分析
时,为了比较不同系统的控制性能,需要规定一些具有典型意义的输入信号,它们是
建立分析比较的基础。这些信号称为控制系统的典型输入信号。在分析控制系统瞬
态响应时,采用典型输入信号有如下优点。

(1) 数学处理简单,给定典型信号下的性能指标,便于分析、综合系统。

(2) 典型输入的响应往往可以作为分析复杂输入时系统性能的基础。

(3) 便于进行系统辨识,确定未知环节的传递函数。

常见的典型输入信号主要有阶跃信号、速度信号、加速度信号、脉冲信号、正弦信
号等,具体内容如下。

1. 阶跃信号

阶跃信号指输入变量有一个突然的定量变化,例如输入量的突然加入或突然停
止等,如图 3.2 所示,其数学表达式为

$$x_i(t) = \begin{cases} a, & t \geqslant 0 \\ 0, & t < 0 \end{cases} \qquad (3\text{-}1)$$

式中,a——常数,当 $a=1$ 时,该信号称为单位阶跃信号。

2. 斜坡信号（速度信号）

斜坡信号是指输入变量是等速度变化的,如图 3.3 所示,其数学表达式为

$$x_i(t) = \begin{cases} at, & t \geqslant 0 \\ 0, & t < 0 \end{cases} \tag{3-2}$$

式中:a——常数,当 $a=1$ 时,该信号称为单位斜坡信号,也称为单位速度信号。

3. 抛物线信号（加速度信号）

抛物线信号是指输入变量是等加速度变化的,如图 3.4 所示,其数学表达式为

$$x_i(t) = \begin{cases} at^2, & t \geqslant 0 \\ 0, & t < 0 \end{cases} \tag{3-3}$$

式中:a——常数,当 $a=\dfrac{1}{2}$ 时,该信号称为单位抛物线信号,也称为单位加速度信号。

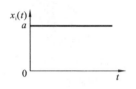

图 3.2 阶跃信号

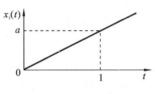

图 3.3 斜坡信号

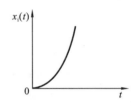

图 3.4 抛物线信号

4. 脉冲信号

脉冲信号的数学表达式为

$$x_i(t) = \begin{cases} \lim\limits_{t_0 \to 0} \dfrac{a}{t_0}, & 0 < t < t_0 \\ 0, & t < 0 \text{ 或 } t > t_0 \end{cases} \tag{3-4}$$

式中:a——常数,因此当 $0 < t < t_0$ 时,该信号值为无穷大。

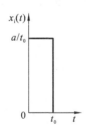

图 3.5 脉冲信号

其信号可用图 3.5 表示,其脉冲高度为无穷大,持续时间为无穷小;脉冲面积为 a,因此,通常脉冲强度是以其面积 a 衡量的。当面积 $a=1$ 时,脉冲信号称为单位脉冲信号,又称 δ 信号。当系统输入为单位脉冲信号时,其输出响应称为脉冲响应信号。由于 δ 信号有个很重要的性质,即其拉氏变换等于 1,因此,系统传递函数即为脉冲响应信号的象函数。

当系统输入任一时间信号时,可将输入信号分割为 n 个脉冲,当 n 趋于 ∞ 时,输入信号 $x(t)$ 可看成 n 个脉冲叠加而成,如图 3.6 所示。按比例和时间平移的方法,可得 τ_k 时刻的响应为 $x(\tau_k)g(t-\tau_k)\Delta\tau$,则

$$y(t) = \lim_{n \to \infty} \sum_{k=0}^{n-1} x(\tau_k)g(t-\tau_k)\Delta\tau = \int_0^t x(\tau)g(t-\tau)d\tau = x(t) * g(t)$$

即输出响应为输入信号与脉冲响应信号的卷积。

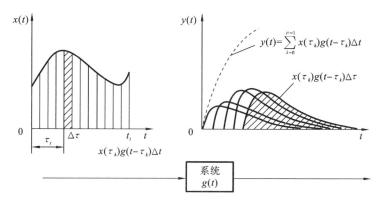

图 3.6　任意输入信号下的响应

5. 正弦信号

正弦信号如图 3.7 所示,其数学表达式为

$$x_i(t) = \begin{cases} a\sin\omega t, & t \geq 0 \\ 0, & t < 0 \end{cases} \qquad (3\text{-}5)$$

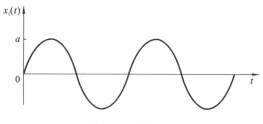

图 3.7　正弦信号

选择哪种信号作为典型输入信号,应根据系统具体工作状况而定。例如,系统输入量是随时间逐渐变化的信号,如机床、雷达天线、火炮、温控装置等,以选择斜坡信号较为合适;若系统输入量是冲击量,例如导弹发射,以选择脉冲信号较为适当;当系统输入量是随时间变化的往复运动,例如研究机床振动,以选择正弦信号为好;而系统输入量是突然变化的,像突然通电或断电,则选择阶跃信号为宜。需要注意的是,时域性能指标分析时是选择阶跃信号作为输入信号的。

3.3　一阶系统的时域分析

能够用一阶微分方程描述的系统称为一阶系统,其典型形式就是一阶惯性环节,即

$$G(s) = \frac{X_o(s)}{X_i(s)} = \frac{1}{Ts+1} \qquad (3\text{-}6)$$

式中:T——时间常数。

3.3.1 一阶系统的单位阶跃响应

单位阶跃输入 $x_i(t)=1(t)$ 的拉氏变换为 $X_i(s)=\dfrac{1}{s}$，则

$$X_o(s)=G(s)X_i(s)=\frac{1}{Ts+1}\frac{1}{s}=\frac{1}{s(Ts+1)}=\frac{1}{s}-\frac{T}{Ts+1}=\frac{1}{s}-\frac{1}{s+\dfrac{1}{T}} \quad (3-7)$$

对式(3-7)进行拉氏反变换，得一阶惯性环节的单位阶跃响应为

$$x_o(t)=1-e^{-\frac{t}{T}} \quad (t\geqslant 0) \quad (3-8)$$

根据式(3-8)，以 T 的倍数离散选取一些点，并代入式(3-8)，可得表 3-1 的数据。

表 3-1 一阶系统的单位阶跃响应

t	0	T	$2T$	$3T$	$4T$	$5T$	⋯	∞
$x_o(t)$	0	0.632	0.865	0.95	0.982	0.993	⋯	1

用光滑的曲线在坐标平面上连接表 3-1 数据所表达的坐标点，可得一阶系统在单位阶跃输入下的响应曲线，如图 3.8 所示。

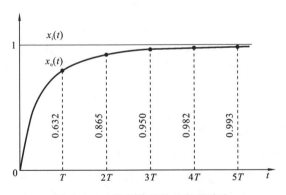

图 3.8 一阶系统的单位阶跃响应

由图 3.8 可知：

(1) 一阶系统的单位阶跃响应总是无振荡；输出量 $x_o(t)$ 的初始值为零，而稳态值为 1；

(2) 当 $t=T$ 时，$x_o(t)=0.632$，即响应达到稳态值的 63.2%；显然 T 越小，系统响应越快，故 T 表述系统惯性的大小；

(3) 经过时间 $3T\sim 4T$ 时，响应曲线已达稳态值的 95%～98%；即在实际工作中，当输出量达到稳态值的 95% 至 98% 时，响应时间经过 3 至 4 倍的时间常数时可认为其过渡过程结束，且达到稳态值；因此，通过调整系统的参数，减小 T 值，提高响

应的快速性；

（4）在 $t=0$ 处，响应曲线的切线斜率为 $1/T$；即如果响应曲线以零时刻的初始速度变化，达到稳态值所需的时间为 T。

3.3.2　一阶系统的脉冲响应

单位脉冲输入 $x_i(t)=\delta(t)$ 的拉氏变换为 $X_i(s)=1$，则

$$X_o(s)=G(s)X_i(s)=\frac{1}{Ts+1}\times 1=\frac{1/T}{s+1/T} \tag{3-9}$$

式（3-9）表明，系统单位脉冲响应的象函数相当于系统的传递函数，此结论对任何线性系统都成立。对式（3-9）拉氏反变换可得

$$x_o(t)=\frac{1}{T}e^{-t/T} \quad (t\geqslant 0) \tag{3-10}$$

根据式（3-10），一阶系统的单位脉冲响应曲线如图 3.9 所示。

根据一阶系统的单位阶跃响应和脉冲响应，可发现

$$\begin{cases} \delta(t)=\dfrac{\mathrm{d}}{\mathrm{d}t}\big[1(t)\big] \\[2mm] 1(t)=\dfrac{\mathrm{d}}{\mathrm{d}t}\big[t\times 1(t)\big] \end{cases}$$

则

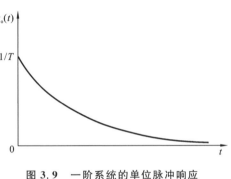

图 3.9　一阶系统的单位脉冲响应

$$\begin{cases} x_{o\delta}(t)=\dfrac{\mathrm{d}x_{o1}(t)}{\mathrm{d}t} \\[2mm] x_{o1}(t)=\dfrac{\mathrm{d}x_{ot}(t)}{\mathrm{d}t} \end{cases}$$

由此可见，系统对输入信号导数的响应，等于系统对原输入信号响应的导数；而系统对输入信号积分的响应，等于系统对原输入信号响应的积分，其积分常数由初始条件确定。这是线性定常系统的一个重要特性。

3.4　二阶系统的时域分析

用二阶微分方程描述的系统称为二阶系统。在分析或设计系统时，二阶系统的响应特性常被视为一种基准。虽然在工程实际中几乎没有单独的二阶系统存在，而是三阶或更高阶系统，但可用二阶系统去近似，或者其响应可以表示为一阶、二阶系统响应的合成。

二阶系统至少含有两个储能元件，能量通常在两个元件之间交换，进而引起系统

产生往复振荡的趋势。典型的二阶系统也称为二阶振荡环节,其典型传递函数为

$$G(s) = \frac{X_o(s)}{X_i(s)} = \frac{1}{T^2 s^2 + 2\xi T s + 1} = \frac{\omega_n^2}{s^2 + 2\xi \omega_n s + \omega_n^2} \qquad (3\text{-}11)$$

式中:T——时间常数;

$\qquad \omega_n$——无阻尼固有频率(rad/s),$\omega_n = 1/T$;

$\qquad \xi$——阻尼比;

$\qquad \omega_n \xi = \sigma$——衰减系数。

二阶系统的闭环特征方程为 $s^2 + 2\xi \omega_n s + \omega_n^2 = 0$,二阶系统的瞬态响应的性能完全由 ω_n 和 ξ 确定。因此,ω_n 和 ξ 为二阶系统的重要参量,它们表明了二阶系统本身与外界无关的特性。

3.4.1 二阶系统的单位阶跃响应

微信扫一扫

当 $x_i(t) = 1(t)$ 时,其拉氏变换为 $X_i(s) = \dfrac{1}{s}$,则

$$X_o(s) = G(s) X_i(s) = \frac{\omega_n^2}{s(s^2 + 2\xi \omega_n s + \omega_n^2)} \qquad (3\text{-}12)$$

显然,随着阻尼比 ξ 取值的不同,二阶系统的特征根也不同。下面分别讨论 ξ 为不同值时的单位阶跃响应。

(1) $0 < \xi < 1$ 时,为共轭复数根,即

$$s_{1,2} = -\xi \omega_n \pm j\omega_d$$

式中:$\omega_d = \omega_n \sqrt{1 - \xi^2}$,称为有阻尼固有频率(rad/s)。

此时,二阶系统的传递函数的极点是一对位于复数 s 平面的左半平面内的共轭复数极点,这时系统被称为欠阻尼系统。

式(3-12)可改写为

$$X_o(s) = \frac{\omega_n^2}{s(s + \xi \omega_n - j\omega_d)(s + \xi \omega_n + j\omega_d)}$$

$$= \frac{1}{s} - \frac{s + \xi \omega_n}{(s + \xi \omega_n) + \omega_d^2} - \frac{\xi \omega_n}{(s + \xi \omega_n) + \omega_d^2}$$

对上式拉氏反变换,可得

$$x_o(t) = 1 - e^{-\xi \omega_n t} \left[\cos \omega_d t + \frac{\xi}{\sqrt{1 - \xi^2}} \sin \omega_d t \right]$$

$$= 1 - \frac{e^{-\xi \omega_n t}}{\sqrt{1 - \xi^2}} \sin \left[\omega_d t + \arctan \frac{\sqrt{1 - \xi^2}}{\xi} \right], \quad t \geq 0 \qquad (3\text{-}13)$$

由式(3-13)可知,当 $0 < \xi < 1$ 时,二阶系统的单位阶跃响应是以 ω_d 为角频率的衰减振荡,其响应曲线如图 3.10 所示,随着 ξ 的减小,其振荡幅度增加。

可以看出,稳态分量为 1,表明系统在单位阶跃信号作用下,不存在稳态误差;瞬

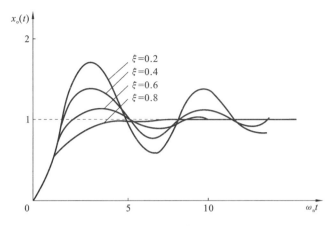

图 3.10 欠阻尼二阶系统的单位阶跃响应

态分量为阻尼正弦振荡项,其振荡频率为 ω_d。包络线 $1 \pm e^{-\xi \omega_n t} / \sqrt{1-\xi^2}$ 决定收敛速度。当 $\xi=0$ 时,为一条平均值为 1 的正、余弦等幅振荡曲线,其振荡频率为 ω_n。

(2) $\xi=1$ 时,为两重实根,即二阶系统的闭环极点是

$$s_{1,2} = -\omega_n$$

称为临界阻尼系统,式(3-12)可改写为

$$X_o(s) = \frac{\omega_n^2}{s(s+\omega_n)^2} = \frac{1}{s} - \frac{\omega_n}{(s+\omega_n)^2} - \frac{1}{(s+\omega_n)}$$

拉氏反变换,得

$$x_o(t) = 1 - (\omega_n t + 1) e^{-\omega_n t}, \quad t \geqslant 0 \tag{3-14}$$

式(3-14)表明,当 $\xi=1$ 时,临界二阶阻尼系统的单位阶跃响应为一指数曲线。响应曲线如图 3.11 所示,是稳态值为 1 的无超调、单调上升曲线。

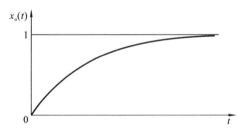

图 3.11 临界二阶阻尼系统的单位阶跃响应

(3) $\xi=0$ 时,为共轭虚根,即二阶系统的闭环极点是

$$s_{1,2} = \pm j\omega_n$$

称为零阻尼系统,式(3-12)可改写为

$$X_o(s) = \frac{\omega_n^2}{s(s^2+\omega_n^2)} = \frac{1}{s} - \frac{s}{s^2+\omega_n^2}$$

拉氏反变换,得

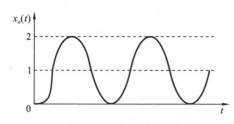

图 3.12 无阻尼系统的单位阶跃响应

$$x_o(t) = 1 - \cos\omega_n t, \quad t \geqslant 0 \quad (3\text{-}15)$$

由式(3-15)看出：$\xi = 0$ 时，二阶系统的单位阶跃响应为等幅振荡曲线，其振荡频率为无阻尼自然频率 ω_n，响应曲线如图 3.12 所示。

(4) $\xi > 1$ 时，为两个负实根，即二阶系统的闭环极点是

$$s_{1,2} = (-\xi \pm \sqrt{\xi^2 - 1})\omega_n$$

称为过阻尼系统，式(3-12)可改写为

$$X_o(s) = \frac{\omega_n^2}{(s - s_1)(s - s_2)} \cdot \frac{1}{s}$$

$$= \frac{1}{s} + \frac{A_1}{s + \omega_n(\xi - \sqrt{\xi^2 - 1})} + \frac{A_2}{s + \omega_n(\xi + \sqrt{\xi^2 - 1})}$$

式中：
$$A_1 = \frac{-1}{2\sqrt{\xi^2 - 1}(\xi - \sqrt{\xi^2 - 1})}$$

$$A_2 = \frac{1}{2\sqrt{\xi^2 - 1}(\xi + \sqrt{\xi^2 - 1})}$$

拉氏反变换，得

$$x_o(t) = 1 - \frac{1}{2\sqrt{\xi^2 - 1}(\xi - \sqrt{\xi^2 - 1})} e^{-(\xi - \sqrt{\xi^2 - 1})\omega_n t}$$

$$+ \frac{1}{2\sqrt{\xi^2 - 1}(\xi + \sqrt{\xi^2 - 1})} e^{-(\xi + \sqrt{\xi^2 - 1})\omega_n t}$$

$$= 1 + \frac{\omega_n}{2\sqrt{\xi^2 - 1}} \left(\frac{e^{s_1 t}}{s_1} - \frac{e^{s_2 t}}{s_2} \right), \quad t \geqslant 0$$

显然，系统的响应包含两个衰减的指数项，对应的响应如图 3.13 所示，是一条无振荡、无超调、单调上升、过渡过程较长的曲线。

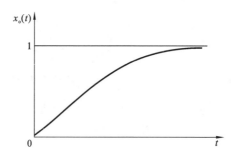

图 3.13 过阻尼系统的单位阶跃响应

综上所述，随着阻尼比 ξ 的减小，阶跃响应的振荡程度加剧。$\xi = 0$ 时是等幅振

荡,$\xi \geqslant 1$ 时是无振荡的单调上升曲线,其中临界阻尼对应的过渡过程时间最短。在欠阻尼的状态下,当 $0.4 < \xi < 0.8$ 时,过渡过程时间比临界阻尼所对应的过渡时间更短,而且振荡也不严重。因此,在工程控制中,除了那些不允许产生超调和振荡的情况外,通常希望二阶系统工作在 $0.4 < \xi < 0.8$ 的欠阻尼状态。

3.4.2　控制系统的时域性能指标

控制系统的性能指标既可在时域表示,也可在频域描述。时域指　微信扫一扫标比较直观。对于含有储能元件的二阶及以上系统,当受到输入信号作用时,系统输出可能存在滞后响应,一般表现出一定的过渡过程。时域分析性能指标是以欠阻尼二阶系统对单位阶跃输入的瞬态响应形式给出的,如图 3.14 所示。

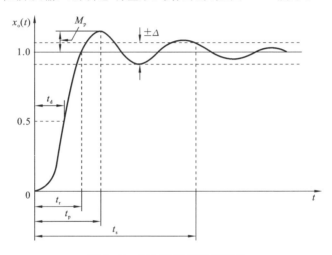

图 3.14　时间响应的性能指标

通常采用下列性能指标,具体如下。

(1) 上升时间 t_r:响应曲线从 0 上升到稳态值所需要的时间,当达到稳态值所用时间无穷大时,用从稳态值的 10% 上升到 90%,或从稳态值的 5% 上升到 95%(所需时间),都称为上升时间。

(2) 峰值时间 t_p:$t \geqslant 0$ 时,响应曲线到达第一个峰值所需要的时间。

(3)最大超调量 M_p:单位阶跃输入时,响应曲线的最大峰值 $x_o(t_p)$ 与稳态值 $x_o(\infty)$ 的差,即

$$M_p = x_o(t_p) - x_o(\infty)$$

也可用百分数表示,即

$$M_p = \frac{x_o(t_p) - x_o(\infty)}{x_o(\infty)} \times 100\%$$

(4) 调整时间 t_s:响应曲线达到并保持在稳态值的公差带(允许误差)$\pm \Delta$($\Delta =$

2%或 5%)内所需要的时间。

（5）振荡次数 N：在调整时间 t_s 内响应曲线振荡的次数。

以上性能指标中，上升时间、峰值时间、调整时间反映系统响应的快速性；而最大超调量、振荡次数反映系统相对平稳性。应当指出，这些性能指标并非在任何情况下都全部考虑。对于欠阻尼系统主要的性能指标是上升时间、峰值时间、最大超调量和调整时间；而对于过阻尼系统，则无需考虑峰值时间和最大超调量。

下面来具体定义上述性能指标，并根据定义，推导欠阻尼二阶系统的时域性能指标，分析它们与系统特征参数 ω_n 和 ξ 之间的关系。

1. 上升时间

根据定义，当 $t=t_r$ 时，有 $x_o(t_r)=1$，由式(3-12)可知

$$1-e^{-\xi\omega_n t_r}\left[\cos\omega_d t_r+\frac{\xi}{\sqrt{1-\xi^2}}\sin\omega_d t_r\right]=1$$

解得

$$\tan\omega_d t_r=-\frac{\sqrt{1-\xi^2}}{\xi}$$

则

$$\omega_d t_r=k\pi-\varphi,\quad k=1,2,\cdots$$

因为上升时间是系统响应第一次达到稳态值所需的时间，故取 $k=1$，则二阶系统单位阶跃响应的上升时间为

$$t_r=\frac{\pi-\varphi}{\omega_d}$$

式中：$\varphi=\arctan\dfrac{\sqrt{1-\xi^2}}{\xi}$。

2. 峰值时间

响应曲线达到第一个峰值所需的时间，故将式(3-13)对时间求导，并令其为零，即

$$\frac{\mathrm{d}x_o(t)}{\mathrm{d}t}\bigg|_{t=t_p}=0$$

可得

$$\tan(\omega_d t_p+\varphi)=\frac{\sqrt{1-\xi^2}}{\xi}=\tan\varphi$$

故

$$\omega_d t_p=0,\pi,2\pi,3\pi,\cdots$$

由于峰值时间 t_p 是响应曲线 $x_o(t)$ 达到第一峰值所对应的时间，故

$$t_p=\frac{\pi}{\omega_d}=\frac{1}{2}\frac{2\pi}{\omega_d}=\frac{T_d}{2} \tag{3-16}$$

式中：T_d——欠阻尼二阶系统单位阶跃响应 $x_o(t)$ 的振荡周期。

3. 最大超调量

将式(3-16)代入式(3-13)得

$$x_o(t_p) = 1 + e^{-\pi\xi/\sqrt{1-\xi^2}}$$

故

$$M_p = x_o(t_p) - x_o(\infty) = e^{-\pi\xi/\sqrt{1-\xi^2}} \tag{3-17}$$

百分数超调量

$$M_p = \frac{x_o(t_p) - x_o(\infty)}{x_o(\infty)} \times 100\% = e^{-\pi\xi/\sqrt{1-\xi^2}} \times 100\% \tag{3-18}$$

4. 调整时间

由式(3-13)知,欠阻尼二阶系统的单位阶跃响应曲线 $x_o(t)$ 位于一对曲线 $y(t)$ $= 1 \pm \dfrac{e^{-\xi\omega_n t}}{\sqrt{1-\xi^2}}$ 之内,这对曲线称为响应曲线的包络线,如图 3.15 所示。

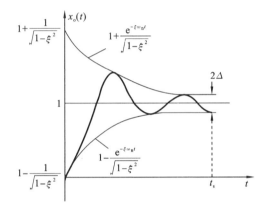

图 3.15　欠阻尼二阶系统单位阶跃响应包络线

可以采用包络线代替实际响应曲线估算过渡过程时间 t_s。若允许公差带是 $\pm\Delta$, 则可以认为包络线衰减到 Δ 区域所需的时间,则有

$$\frac{e^{-\xi\omega_n t}}{\sqrt{1-\xi^2}} = \Delta$$

解得

$$t_s = \frac{1}{\xi\omega_n}\left[\ln\frac{1}{\Delta} + \ln\frac{1}{\sqrt{1-\xi^2}}\right]$$

若取 $\Delta = 5\%$ 时,则可近似为

$$t_s \approx \frac{3}{\xi\omega_n} \tag{3-19}$$

若取 $\Delta = 2\%$ 时,则得

$$t_s \approx \frac{4}{\xi\omega_n} \tag{3-20}$$

5. 振荡次数

根据振荡次数的定义,有

$$N = \frac{t_s}{T_d} = \frac{t_s}{2t_p}$$

若取 $\Delta = 5\%$ 时,则得

$$N = \frac{1.5 \sqrt{1-\xi^2}}{\pi\xi} \tag{3-21}$$

若取 $\Delta = 2\%$ 时,则得

$$N = \frac{2 \sqrt{1-\xi^2}}{\pi\xi} \tag{3-22}$$

由上述分析计算可知,影响单位阶跃响应各项性能指标的是二阶系统的阻尼比 ξ 和无阻尼固有频率 ω_n 两个重要参数。

当 ω_n 为恒值时,随着阻尼比增大,则最大超调量减小,振荡周期增长,即振荡减弱,平稳性好。另外,随着阻尼比增大,上升时间和峰值时间也增大,使初始响应速度变慢。小的阻尼比,虽然可以加快初始响应速度,但它使最大超调量增加,振荡加剧,衰减变慢,因而增长了调整时间。设计二阶系统时,阻尼比根据允许的最大超调来确定。因为当 $\xi = 0.707$ 时,百分数超调小于 5%,并且调整时间也短。具有比较理想的响应,故设计实际的二阶系统时,一般取 $\xi = 0.707$ 作为最佳阻尼比。

对于阻尼比 ξ 为恒值,而无阻尼固有频率 ω_n 不同的系统,其最大超调量仍然相等,但随着 ω_n 的增大,峰值时间、振荡周期和调整时间均变短,故系统响应加快。设计二阶系统时,无阻尼自然频率 ω_n 根据调整时间来确定。

3.4.3 二阶系统的脉冲响应

当输入单位脉冲信号时,则

$$X_o(s) = G(s)X_i(s) = \frac{\omega_n^2}{s^2 + 2\xi\omega_n s + \omega_n^2}$$

当 ξ 取不同值时,二阶系统的单位脉冲响应可通过拉氏变换求得,另外也可对二阶系统的单位阶跃响应直接求导获得单位脉冲响应。

1. 欠阻尼($0 < \xi < 1$)

$$x_o(t) = \frac{\omega_n}{\sqrt{1-\xi^2}} e^{-\xi\omega_n t} \sin(\omega_n \sqrt{1-\xi^2})t, \quad t \geqslant 0$$

二阶欠阻尼系统的单位脉冲响应以有阻尼固有频率 ω_d 为频率的衰减正弦振荡,其幅值衰减的速率取决于 $\xi\omega_n$ 值。当 ω_n 一定时,ξ 越小,振荡频率 ω_d 越高,振荡越剧烈,衰减越慢。

2. 临界阻尼($\xi=1$)

$$x_o(t)=\omega_n^2 te^{-\omega_n t}, \quad t\geqslant 0$$

其响应曲线具有单调衰减特性。

3. 过阻尼($\xi>1$)

$$x_o(t)=\frac{\omega_n}{2\sqrt{\xi^2-1}}(e^{-(\xi-\sqrt{\xi^2-1})\omega_n t}-e^{-(\xi+\sqrt{\xi^2+1})\omega_n t}), \quad t\geqslant 0$$

二阶过阻尼系统的单位脉冲响应也是单调衰减,可以看成两个一阶系统的串联。

例 3.1 某系统如图 3.16 所示。

试求:(1) 系统的无阻尼自然频率 ω_n 和阻尼比 ξ;(2) 当 $x_i(t)=1(t)$ 时,峰值时间 t_p,调整时间 $t_s(\Delta=0.05)$,最大超调量 M_p。

解 系统的闭环传递函数为

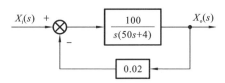

图 3.16　某系统的框图

$$G_B(s)=\frac{X_o(s)}{X_i(s)}=\frac{\dfrac{100}{s(50s+4)}}{1+\dfrac{100}{s(50s+4)}\times 0.02}$$

$$=\frac{2}{s^2+0.08s+0.04}$$

显然,这是一个具有标准形式的二阶系统,根据 $G(s)=\dfrac{k\omega_n^2}{s^2+2\xi\omega_n s+\omega_n^2}$,得

$$\omega_n^2=0.04$$

$$2\xi\omega_n=0.08$$

解得

$$\omega_n=0.2 \text{ rad/s}, \quad \xi=0.2$$

$$t_p=\frac{\pi}{\omega_n\sqrt{1-\xi^2}}=\frac{\pi}{0.2\sqrt{1-0.2^2}} \text{ s}\approx 16.03 \text{ s}$$

$$t_s\approx\frac{3}{\xi\omega_n}=\frac{3}{0.2\times 0.2} \text{ s}=75 \text{ s}$$

$$x_o(\infty)=\lim_{t\to\infty}x_o(t)=\lim_{s\to 0}sX_o(s)=\lim_{s\to 0}sG_B(s)X_i(s)$$

$$=\lim_{s\to 0}s\cdot\frac{2}{s^2+0.08s+0.04}\cdot\frac{1}{s}=50$$

$$M_p=e^{-\frac{\pi\xi}{\sqrt{1-\xi^2}}}=0.527$$

例 3.2 某单位负反馈系统的开环传递函数为

$$G_k(s)=G(s)H(s)=\frac{2s+1}{s^2}$$

求该系统的单位阶跃响应和单位脉冲响应。

解 为单位负反馈,故系统的传递函数为

$$G_B(s)=\frac{X_o(s)}{X_i(s)}=\frac{G_k(s)}{1+G_k(s)}=\frac{2s+1}{(s+1)^2}$$

(1) 当 $x_i(t) = 1(t)$ 时，则

$$X_i(s) = \frac{1}{s}$$

$$X_o(s) = X_i(s)G_B(s) = \frac{1}{s} \cdot \frac{2s+1}{(s+1)^2} = \frac{1}{s} - \frac{1}{s+1} - \frac{1}{(s+1)^2}$$

对上式进行拉氏反变换，得

$$x_o(t) = 1 - e^{-t} + te^{-t}, \quad t \geqslant 0$$

(2) 当 $x_i(t) = \delta(t)$ 时，则

$$x_o(t) = \frac{d[1 - e^{-t} + te^{-t}]}{dt} = 2e^{-t} - te^{-t}, \quad t \geqslant 0$$

例 3.3 某机械系统如图 3.17(a)所示，对质量块 m 施加 9.5 N 的力（阶跃输入）后，质量块的位移 $y(t)$ 曲线如图 3.17(b)所示。试确定系统的各参数的值。

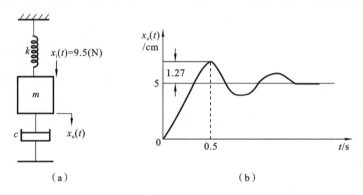

图 3.17 某机械系统及其阶跃响应
(a)机械系统 (b)阶跃响应曲线

解 机械系统的运动微分方程为

$$m\frac{d^2 x_o(t)}{dt^2} + c\frac{dx_o(t)}{dt} + kx_o(t) = x_i(t)$$

则系统的传递函数为

$$G(s) = \frac{X_o(s)}{X_i(s)} = \frac{\dfrac{1}{m}}{s^2 + \dfrac{c}{m}s + \dfrac{k}{m}}$$

与标准二阶系统的传递函数对比，得

$$\omega_n^2 = \frac{k}{m}$$

$$2\xi\omega_n = \frac{c}{m}$$

因 $X_i(s) = \dfrac{9.5}{s}$，故

$$X_o(s) = G(s)X_i(s) = \frac{\dfrac{1}{m}}{s^2 + \dfrac{c}{m}s + \dfrac{k}{m}} \cdot \frac{9.5}{s}$$

由终值定理，得

$$x_o(\infty) = \lim_{t \to \infty} x_o(t) = \lim_{s \to 0} s X_o(s) = \frac{9.5}{k} = 5 \text{ cm}$$

可得弹簧刚度为 $k = 190$ N/m。

由质量块的响应知超调量为

$$M_p = \frac{1.27}{5} \times 100\% = 25.4\% = e^{-\frac{\pi \xi}{\sqrt{1-\xi^2}}} \times 100\%$$

故系统的阻尼比为

$$\xi = 0.4$$

从响应曲线知峰值时间 $t_p = 0.5$ s，而

$$t_p = \frac{\pi}{\omega_n \sqrt{1-\xi^2}}$$

故

$$\omega_n = \frac{\pi}{t_p \sqrt{1-\xi^2}} = \frac{\pi}{0.5 \sqrt{1-0.4^2}} \text{ rad/s} = 6.86 \text{ rad/s}$$

则有

$$m = \frac{k}{\omega_n^2} = \frac{190}{6.86^2} \text{ kg} = 4 \text{ kg}$$

$$c = 2\xi\omega_n = 2 \times 0.4 \times 6.86 \times 4 \text{ N} \cdot \text{s/m} = 22 \text{ N} \cdot \text{s/m}$$

3.5　高阶系统的时域分析

实际工程控制中，几乎所有的控制系统都是高阶系统，而高阶系统的研究和分析是比较复杂的。通常高阶系统可以分解成若干一阶惯性环节和二阶振荡环节的叠加，其时间响应即是由这些一阶惯性环节和二阶振荡环节的响应信号叠加组成。

3.5.1　高阶系统的单位阶跃响应

微信扫一扫

对于一般的单输入/单输出的线性定常系统，其传递函数可表示为

$$G(s) = \frac{X_o(s)}{X_i(s)} = \frac{b_m s^m + b_{m-1} s^{m-1} + b_{m-2} s^{m-2} + \cdots + b_1 s + b_0}{a_n s^n + a_{n-1} s^{n-1} + a_{n-2} s^{n-2} + \cdots + a_1 s + a_0}, \quad n \geqslant m \quad (3-23)$$

将式(3-23)分子、分母分解成因式形式，则式(3-23)变为

$$G(s) = \frac{X_o(s)}{X_i(s)} = \frac{K\prod\limits_{j=1}^{m}(s-z_j)}{\prod\limits_{i=1}^{n}(s-p_i)} \tag{3-24}$$

式中：$z_1, z_2, \cdots, z_n$——系统闭环传递函数的零点；

$p_1, p_2, \cdots, p_m$——系统闭环传递函数的极点。

时域分析的前提是系统为稳定系统，全部极点都应在 s 平面的左半部。如果全部极点都不相同（实际系统通常是这样），对于单位阶跃输入信号，由式(3-24)可得

$$X_o(s) = \frac{1}{s}\frac{K(s-z_1)(s-z_2)\cdots(s-z_m)}{(s-p_1)(s-p_2)\cdots(s-p_n)} \tag{3-25}$$

若所有极点都是不同的实数极点，则由式(3-25)可得

$$X_o(s) = \frac{a}{s} + \sum_{i=1}^{n}\frac{a_i}{s-p_i} \tag{3-26}$$

式中：a——$X_o(s)$ 在原点的留数，a_i 为 $X_o(s)$ 在极点 $s=p_i$ 处的留数。即

$$a = [sX_o(s)]|_{s=0}$$
$$a_i = [(s-p_i)X_o(s)]|_{s=p_i}$$

对式(3-26)进行拉氏反变换，得系统的单位阶跃响应为

$$x_o(t) = a + \sum_{i=1}^{n}a_i e^{p_i t}, \quad t \geqslant 0 \tag{3-27}$$

若 $x_o(t)$ 的 n 个极点中除包含有实数极点外，还包括成对的共轭复数极点，且一对共轭复数极点可以形成一个 s 的二次项，这样式(3-25)可以写成

$$X_o(s) = \frac{K\prod\limits_{j=1}^{m}(s-z_j)}{s\prod\limits_{i=1}^{q}(s-z_i)\prod\limits_{k=1}^{r}(s^2+2\xi_k\omega_{nk}s+\omega_{nk}^2)} \tag{3-28}$$

式中：q——实数极点数；

r——共轭复数极点的对数，且 $q+2r=n$。

如果闭环极点是互不相同的，可将式(3-28)展开，有

$$X_o(s) = \frac{a}{s} + \sum_{i=1}^{q}\frac{a_i}{s-p_i} + \sum_{k=1}^{r}\frac{b_k(s+\xi_k\omega_{nk})+c_k\omega_{nk}\sqrt{1-\xi_k^2}}{s^2+2\xi_k\omega_{nk}+\omega_{nk}^2} \tag{3-29}$$

取式(3-29)的拉氏反变换，可得系统的单位阶跃响应为

$$x_o(t) = a + \sum_{i=1}^{q}a_i e^{p_i t} + \sum_{k=1}^{r}b_k e^{-\xi_k\omega_{nk}t}\cos(\omega_{nk}\sqrt{1-\xi_k^2}t)$$
$$+ \sum_{k=1}^{r}c_k e^{-\xi_k\omega_{nk}t}\sin(\omega_{nk}\sqrt{1-\xi_k^2}t) \tag{3-30}$$

式中，a, a_i, b_k, c_k——常数。

可见，高阶系统的单位阶跃响应也是由稳态响应和瞬态响应组成，且瞬态响应取

决于系统的参数，由一些一阶惯性环节和二阶振荡环节的响应信号叠加组成；而稳态响应与输入信号和系统的参数有关。由式(3-30)可见，当所有极点均具有负实部时，除常数 a 外，其他各项随着时间 t 趋于无穷而衰减为零，即系统是稳定的，高阶系统的阶跃响应可能出现如图 3.18 所示的各种波形。

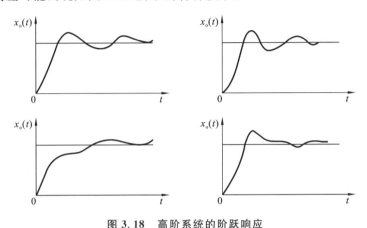

图 3.18　高阶系统的阶跃响应

3.5.2　主导极点

由式(3-27)和式(3-30)可知，系统响应的特性与 p_i、ξ_k、ω_{nk} 有关，即与闭环极点有关。同时，瞬态响应特性还和 a_i、b_k、c_k 有关，而 a_i、b_k、c_k 的大小又和闭环零点、极点在 s 平面上的位置有关。因此，控制系统瞬态响应的特性与闭环零点、极点的分布有着密切的关系，如图 3.19 所示。

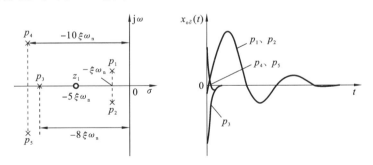

图 3.19　高阶系统极点位置及阶跃响应

（1）如果系统的所有闭环极点都位于 s 平面的左半平面内，那么随着时间的推移，各指数项和振荡项将趋近于零，系统的响应只剩下常数项，即 $x_o(\infty)=a$。

（2）瞬态响应的类型取决于闭环极点，而零点、极点共同决定了瞬态响应曲线的形状。

（3）位于 s 平面左半平面远离虚轴的极点及靠近零点的极点对瞬态响应影响较

小,因为响应中与它相应的分量衰减得快,其作用常可忽略。

(4) 若距离虚轴最近的极点(位于 s 平面的左半平面),其实数部分为其他极点的 1/5 或更小,并且附近又没有零点,则可以认为系统的响应主要由该极点(或共轭复数极点)所决定,这一分量衰减最慢。这种对系统瞬态响应起主要作用的极点称为系统的主导极点。

由式(3-30)可知,实数极点离虚轴的距离为 p_i,共轭复数极点离虚轴的距离为 $\xi_k \omega_{nk}$。实数极点的存在,也使响应的最大超调量减小。

当 $p_i \ll \xi_k \omega_{nk}$ 时,式(3-30)中的 $e^{p_i t}$ 项的衰减速度要比 $e^{-\xi_k \omega_{nk} t}$ 项的衰减速度慢得多,此时该实数极点对系统的响应起着主导作用。当 $p_i \gg \xi_k \omega_{nk}$ 时,式(3-30)中的 $e^{p_i t}$ 项的衰减速度要比 $e^{-\xi_k \omega_{nk} t}$ 项的衰减速度快得多,此时该实数极点对系统响应的影响就减小,而共轭复数极点却起着主导作用。

(5) 当有零点接近离虚轴最近的极点时,则该极点便失去主导极点的作用。而离虚轴次近的极点则成为主导极点。

(6) 一般情况下,高阶系统具有振荡性,所以主导极点常是共轭复数极点。找到了一对共轭复数主导极点,高阶系统就可以近似当做二阶系统来分析,相应的性能指标都可按二阶系统得到。

3.5.3 高阶系统阶跃性能指标

当忽略一些衰减快的项与小留数相应的项,再考虑到一些零点和极点作用的抵消(工程上,当极点和零点之间的距离比它们的模小一个数量级时,就可以考虑它们作用可相互抵消),则一个高阶系统往往可以用一个低阶系统来近似,这样就可用简化的低阶系统的响应特性去近似高阶系统的响应特性,降低分析、控制的难度。

例 3.4 已知某系统的闭环传递函数为

$$G(s) = \frac{X_o(s)}{X_i(s)} = \frac{1}{(0.67s+1)(0.005s^2+0.08s+1)}$$

试分析系统的阶跃响应特性。

解 本系统为三阶系统,它的 3 个闭环极点分别为

$$p_1 = -1.5$$
$$p_2 = -8 + j11.67$$
$$p_3 = -8 - j11.67$$

极点 p_2 和 p_3 离虚轴的距离是极点 p_1 离虚轴距离的 5.3 倍,满足 $|\mathrm{Re}\, p_{2,3}| \geqslant 5|\mathrm{Re}\, p_1|$,故极点 p_2、p_3 对系统响应的影响可以忽略。极点 p_1 主导着系统的响应。故本系统可以近似看成一阶系统,其传递函数为

$$G(s) = \frac{X_o(s)}{X_i(s)} = \frac{1}{0.67s+1}$$

该一阶系统的时间常数 $T=0.67$ s,其阶跃响应没有超调,若取 $\Delta=5\%$,调整时间 $t_s=3T=3\times0.67$ s=2 s。

例 3.5　已知某系统的传递函数为

$$G(s)=\frac{X_o(s)}{X_i(s)}=\frac{0.61s+1}{(0.67s+1)(0.005s^2+0.08s+1)}$$

试分析系统的阶跃响应特性。

解　本系统有 3 个闭环极点,它们是 $p_1=-1.5$、$p_{2,3}=-8\pm j11.7$ 和一个闭环零点 $z_1=-1.64$。可知零点 z_1 和极点 p_1 非常接近,它们对系统响应的影响将相互抵消。故共轭复数极点 p_2、p_3 成为主导极点。本系统可以近似看成二阶系统,其传递函数为

$$G(s)=\frac{X_o(s)}{X_i(s)}=\frac{1}{0.005s^2+0.08s+1}$$

该二阶系统的阻尼比 $\xi=0.57$,无阻尼自然频率 $\omega_n=14.1$ rad/s,其阶跃响应的超调量为

$$M_p=e^{-\pi\xi/\sqrt{1-\xi^2}}\times100\%$$
$$=e^{-0.57\times3.14/\sqrt{1-0.57^2}}\times100\%$$
$$=11.3\%$$

若取 $\Delta=5\%$,则调整时间

$$t_s=\frac{3}{\xi\omega_n}=\frac{3}{0.57\times14.1}\text{ s}=0.37\text{ s}$$

3.6　控制系统稳定性分析

控制系统能在实际工作中应用的首要前提是系统必须稳定。因此,分析控制系统的稳定性是控制理论的基本内容。

当系统受到外界干扰后,显然它的平衡状态被破坏,但它仍能恢复到原有平衡状态下继续工作,系统的这种性能,通常称为稳定性。稳定性是系统的一个动态属性。

3.6.1　稳定的概念

微信扫一扫

在讨论稳定的概念之前,先来看两个例子。图 3.20(a)所示为一个单摆。假设在外界扰动力的作用下,单摆由原来的平衡位置 A 向右偏到新的位置 A'。当外界扰动力消失以后,单摆在重力作用下由位置 A' 向左回到位置 A,并在惯性力作用下继续向左运动到位置 A'',此后又开始向右运动。这样,单摆将在平衡位置 A 附近做反复振荡运动,经过一定时间之后,由于空气介质的阻尼作用,单摆将重新回到原来的平衡位置上,此时称单摆是稳定的摆。

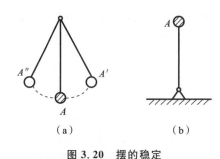

图 3.20 摆的稳定

(a) 稳定的摆 (b) 不稳定的摆

图 3.20(b)所示为一个倒立摆,该倒立摆在位置 A 也是平衡的。当倒立摆受到扰动力作用使其偏离平衡位置 A 后,即使扰动力消失了,该倒立摆也不会回到原来的平衡位置 A,此时称倒立摆是不稳定的摆。

上面的例子说明系统的稳定性反映在扰动力消失后的时间响应性质上。扰动力消失后的单摆与其平衡位置的偏差可以认为是初始偏差,单摆回到平衡位置表示其时间响应随着时间的推移,偏差逐渐衰减并趋向于零。因此,可以给出稳定的一个定义:如果系统在外部扰动作用下偏离了原来的平衡状态,当扰动作用消失后,系统能否自动恢复到原来的初始平衡状态的能力。若系统能自动恢复到原来的初始平衡状态,则称系统是稳定的,否则系统是不稳定的。

如果系统的时间响应是逐渐衰减并趋于零,则系统稳定;如果系统的时间响应是发散的,则系统不稳定;如果系统的时间响应趋于某一恒定值或等幅振荡,则系统处于稳定的边缘,即临界稳定状态。如图 3.21 所示。

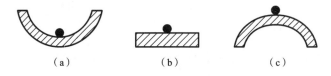

图 3.21 稳定的三种情况

(a) 稳定 (b) 临界稳定 (c) 不稳定

显然,对于实际的系统,临界稳定状态一般是不能正常工作的,而且即使没有超出临界稳定状态,只要与临界稳定状态接近到某一程度,系统在实际工作中就可能变成不稳定。造成这种情况的原因是多方面的,一般可以从以下几点来说明。

(1) 建立系统的数学模型时,忽略了一些次要因素,用简化的数学模型近似地代表实际系统。

(2) 实际系统参数的时变特性,例如电感、电容等。

因此,对一个实际系统,只知道系统是否稳定是不够的,还要了解系统的稳定程度,即系统必须具有稳定性储备,即稳定裕量。系统离开临界稳定状态的程度,反映了系统稳定的程度,也称为相对稳定性。

3.6.2 稳定的条件

在设计控制系统时,如何判断系统的稳定性呢? 如果系统是稳定的,那它应该要满足什么样的条件呢? 这就是下面讨论的问题,即稳定的数学条件。

对于任何一个单输入单输出线性定常系统,其运动微分方程可以表示为

$$a_n \frac{\mathrm{d}^n x_\mathrm{o}(t)}{\mathrm{d}t^n} + a_{n-1} \frac{\mathrm{d}^{n-1} x_\mathrm{o}(t)}{\mathrm{d}t^{n-1}} + \cdots + a_1 \frac{\mathrm{d}x_\mathrm{o}(t)}{\mathrm{d}t} + a_0 x_\mathrm{o}(t)$$

$$= b_m \frac{\mathrm{d}^m x_\mathrm{i}(t)}{\mathrm{d}t^m} + b_{m-1} \frac{\mathrm{d}^{m-1} x_\mathrm{i}(t)}{\mathrm{d}t^{m-1}} + \cdots + b_1 \frac{\mathrm{d}x_\mathrm{i}(t)}{\mathrm{d}t} + b_0 x_\mathrm{i}(t)$$

式中:$n \geqslant m$。

考虑初始条件不为零时,对上式进行拉氏变换,可得

$$(a_n s^n + a_{n-1} s^{n-1} + \cdots + a_1 s + a_0) X_\mathrm{o}(s)$$

$$= (b_m s^m + b_{m-1} s^{m-1} + \cdots + b_1 s + b_0) X_\mathrm{i}(s) + N(s)$$

$N(s)$ 是与初始条件有关的 s 多项式,根据定义,研究稳定性时,分析的是不存在外作用,仅在初始状态影响下系统的时间响应,也称为零输入响应。即仅在初始状态 $X_\mathrm{i}(s) = 0$ 下,系统的零输入时间响应为

$$X_\mathrm{o}(s) = \frac{N(s)}{a_n s^n + a_{n-1} s^{n-1} + \cdots + a_1 s + a_0}$$

设 $p_i (i = 1, 2, \cdots, n)$ 为系统的特征根,也即系统传递函数的极点,当 p_i 各不相同时,有零输入响应,也就是

$$x_\mathrm{o}(t) = \sum_{i=1}^{n} A_i \mathrm{e}^{-p_i t}$$

式中:

$$A_i = \frac{N(s)}{a_n s^n + a_{n-1} s^{n-1} + \cdots + a_1 s + a_0} (s + p_i) \bigg|_{s = -p_i}$$

可见,A_i 是与初始条件有关的系数。如果 $p_i (i = 1, 2, \cdots, n)$ 都具有负实部,则零输入响应最终将衰减到零,即

$$\lim_{t \to \infty} x_\mathrm{o}(t) = 0$$

显然,系统响应经过一段时间的调整,最终趋于零,故系统是稳定的。

如果系统的特征根 $p_i (i = 1, 2, \cdots, n)$ 中有一个或两个根具有正的实部,则零输入响应就会随着时间的推移而发散,即

$$\lim_{t \to \infty} x_\mathrm{o}(t) = \infty$$

也就是随着时间推移,系统的输出发散,根据稳定性定义,这时系统不稳定。

综上所述,控制系统稳定的充分必要条件是:系统的全部特征根都必须具有负实部;反之,若特征根中只要有一个具有正实部,则系统必不稳定。

也可以表述为:系统传递函数 $G(s)$ 的全部极点均位于 s 平面的左半平面,则系统稳定;反之,只要有一个极点位于 s 平面的右半平面,则系统不稳定。系统若有一对共轭复数极点位于虚轴上,其余的极点均在 s 平面的左半平面,则响应趋于等幅振荡;若有一极点在原点;而其余的极点均在 s 平面的左半平面,则响应趋于某个恒定值,这就是前述的临界稳定状态,这种临界稳定的系统是否是允许的,取决于响应值的大小。但以工程实际来看,一般认为临界稳定往往会导致不稳定。

特别注意,系统运动微分方程右端各项系数对系统稳定性没有影响,这相当于系统传递函数的各零点对稳定性没有影响,因为这些系数仅反映系统与外界作用的关系,与系统稳定与否无关。线性系统是否稳定,完全取决于系统的特征根,即取决于系统本身的固有特性。

3.6.3　劳斯稳定判据

微信扫一扫

线性定常系统稳定的条件是其特征根均具有负实部。因此,要判别某系统的稳定性,只要解得系统特征根即可。但实际控制系统的特征方程往往是高阶的,求解困难。如果不去直接求解特征方程,就能判定系统的稳定性,那在工程上就有现实意义。为此形成了一系列稳定性判据,其中最重要的是劳斯(Routh)判据。

劳斯稳定判据指出,系统稳定的条件就是闭环系统特征方程的各项系数大于零,且劳斯阵列中第 1 列元素的符号均为正号。劳斯判据是基于方程式的根和系数的关系建立起来的,它是判别系统稳定性的充分必要条件。

劳斯稳定判据叙述如下。

设控制系统的特征方程为

$$a_n s^n + a_{n-1} s^{n-1} + \cdots + a_1 s + a_0 = 0$$

其特征方程的所有系数均为正值,将系统特征方程的 $n+1$ 个系数排列成下面形式的行和列,称为劳斯阵列。

$$
\begin{array}{c|cccccc}
s^n & a_n & a_{n-2} & a_{n-4} & a_{n-6} & \cdots \\
s^{n-1} & a_{n-1} & a_{n-3} & a_{n-5} & a_{n-7} & \cdots \\
s^{n-2} & b_1 & b_2 & b_3 & b_4 & \cdots \\
s^{n-3} & c_1 & c_2 & c_3 & c_4 & \cdots \\
\vdots & \vdots & \vdots & \vdots & \vdots \\
s^2 & e_1 & e_2 \\
s^1 & f_1 \\
s^0 & g_1 \\
\end{array}
$$

其中,除了特征方程系数外的各元素,其他元素可根据下列公式计算得出

$$b_1 = -\frac{1}{a_{n-1}} \begin{vmatrix} a_n & a_{n-2} \\ a_{n-1} & a_{n-3} \end{vmatrix} = \frac{a_{n-1} a_{n-2} - a_n a_{n-3}}{a_{n-1}}$$

$$b_2 = -\frac{1}{a_{n-1}} \begin{vmatrix} a_n & a_{n-4} \\ a_{n-1} & a_{n-5} \end{vmatrix} = \frac{a_{n-1} a_{n-4} - a_n a_{n-5}}{a_{n-1}}$$

$$b_3 = -\frac{1}{a_{n-1}} \begin{vmatrix} a_n & a_{n-6} \\ a_{n-1} & a_{n-7} \end{vmatrix} = \frac{a_{n-1} a_{n-6} - a_n a_{n-7}}{a_{n-1}}$$

$$\vdots$$

$$c_1 = -\frac{1}{b_1}\begin{vmatrix} a_{n-1} & a_{n-3} \\ b_1 & b_2 \end{vmatrix} = \frac{b_1 a_{n-3} - b_2 a_{n-1}}{b_1}$$

$$c_2 = -\frac{1}{b_1}\begin{vmatrix} a_{n-1} & a_{n-5} \\ b_1 & b_3 \end{vmatrix} = \frac{b_1 a_{n-5} - b_3 a_{n-1}}{b_1}$$

$$c_3 = -\frac{1}{b_1}\begin{vmatrix} a_{n-1} & a_{n-7} \\ b_1 & b_3 \end{vmatrix} = \frac{b_1 a_{n-7} - b_3 a_{n-1}}{b_1}$$

$$\vdots$$

每一行的各个元素均计算到等于零为止。劳斯稳定判据指出:劳斯阵列表中第 1 列元素全部为正,系统稳定。否则第 1 列元素符号改变的次数等于系统正特征根的个数。

例 3.6　已知系统的特征方程式为

$$s^3 + 41.5s^2 + 517s + 2.3 \times 10^4 = 0$$

试用劳斯判据判别系统的稳定性。

解　首先,特征方程的各项系数大于零,满足系统稳定的必要条件。

其次,列劳斯表

$$\begin{array}{c|ccc} s^3 & 1 & 517 & 0 \\ s^2 & 41.5 & 2.3 \times 10^4 & 0 \\ s^1 & -38.5 & 0 & \\ s^0 & 2.3 \times 10^4 & & \end{array}$$

由于该表第一列系数的符号变化了两次,所以该方程中有两个根在 s 的右半平面,因此,系统是不稳定的。

例 3.7　已知某调速系统的特征方程式为

$$s^3 + 41.5s^2 + 517s + 1670(1+K) = 0$$

求该系统稳定的 K 值范围。

解　首先,特征方程的各项系数大于零,满足系统稳定的必要条件。

其次,列劳斯表

$$\begin{array}{c|ccc} s^3 & 1 & 517 & 0 \\ s^2 & 41.5 & 1670(1+K) & 0 \\ s^1 & \dfrac{41.5 \times 517 - 1670(1+K)}{41.5} & 0 & \\ s^0 & 1670(1+K) & & \end{array}$$

由劳斯判据可知,若系统稳定,则劳斯表中第 1 列的系数必须全为正值,且各项系数大于零。可得

$$\begin{cases} 517 - 40.2(1+K) > 0 \\ 1670(1+K) > 0 \end{cases}$$

故

$$-1 < K < 11.9$$

例 3.8 设某控制系统如图 3.22 所示。试确定 K 为何值时系统稳定。

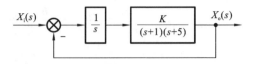

图 3.22 系统框图

解 系统的闭环传递函数为

$$G(s) = \frac{K}{s(s+1)(s+5)+K} = \frac{K}{s^3+6s^2+5s+K}$$

此系统为三阶系统,特征方程为

$$s^3+6s^2+5s+K=0$$

由三阶系统的稳定条件,有

$$\begin{cases} K > 0 \\ 6 \times 5 - K > 0 \end{cases}$$

即系统稳定的条件

$$0 < K < 30$$

在应用劳斯稳定判据时,有可能会碰到以下两种特殊情况,使判据无法进行。需要进行一些特殊处理,具体如下。

(1) 劳斯阵列中某一行第 1 项等于零,而其余各项不等于零或没有余项。

这种情况的出现使劳斯阵列无法继续往下排列。解决的办法是以一个很小的正数 ε 来代替为零的这项,据此算出其余的各项,完成劳斯阵列的排列。

例 3.9 设系统的特征方程为

$$s^4+s^3+3s^2+3s+2=0$$

试应用劳斯判据判别系统的稳定性。

解 首先,特征方程的各项系数大于零,满足系统稳定的必要条件。

其次,列劳斯表如下。

$$
\begin{array}{c|ccc}
s^4 & 1 & 3 & 2 \\
s^3 & 1 & 3 & 0 \\
s^2 & 0 \approx \varepsilon & 2 & \\
s^1 & 3 - \dfrac{2}{\varepsilon} & 0 & \\
s^0 & 2 & &
\end{array}
$$

劳斯表第 1 列元素的符号改变两次,系统不稳定,且 s 右半平面上有两个极点;第 1 列存在零值,但该行其他值不全为零,有一个极点在虚轴上。

(2) 出现全行元素都为零。

这种情况,可利用系数全为零行的上一行系数构造一个辅助多项式,并以这个辅助多项式导数的系数来代替表中系数为全零的行。

例 3.10　设系统的特征方程为

$$s^6+2s^5+8s^4+12s^3+20s^2+16s+16=0$$

试应用劳斯判据判别系统的稳定性。

解　首先,特征方程的各项系数大于零,满足系统稳定的必要条件。

其次,列劳斯表

s^6	1	8	20	16
s^5	2	12	16	0
s^4	2	12	16	0	$\Rightarrow A(s)=2s^4+12s^2+16$
s^3	0→8	0→24	0		$\Rightarrow A'(s)=8s^3+24s^1$
s^2	6	16	0	
s^1	8/3	0		
s^0	16			

由上述劳斯阵列的第 1 列可以看出,全为正号,说明系统无正实部的根。但是第 4 行的元素全为零,表明有共轭虚根,系统处于临界稳定状态。

3.7　控制系统稳态误差分析

一个符合工程要求的系统,其稳态误差必须控制在允许的范围之内。例如:工业加热炉的炉温误差若超过其允许的限度,就会影响加工产品的质量;造纸厂中卷绕纸张的恒张力控制系统,要求纸张在卷绕过程中张力的误差保持在某一允许的范围之内,若张力过小,就会出现纸卷松弛,而张力过大,又会导致纸张的断裂。

控制系统的控制精度用稳态误差来表征,稳态误差越小,控制精度越高。稳态时系统的误差分为原理性误差和结构性误差。与系统型号、输入信号性质有关的误差称为原理性误差,而因制造、间隙、死区等造成的误差是结构性误差。

稳态误差仅对稳定系统才有意义。稳态条件下输出量的期望值与稳态值之间存在的误差称为系统的稳态误差。影响稳态误差的因素很多,如系统的结构与参数、系统中各元件的精度(如零漂、死区、间隙、静摩擦等)、输入信号的形式和大小都与稳态误差有着密切关系。这里研究的稳态误差基于系统的元件都是理想化的,即不考虑元件精度对整个系统精度的影响。

3.7.1　偏差及误差的概念

典型控制系统的框图如图 3.23 所示。

(1)误差信号 $\varepsilon(s)$ 是指输出量的期望值 $X_{or}(s)$ 和输出量 $X_o(s)$ 的实际值之差,即

微信扫一扫

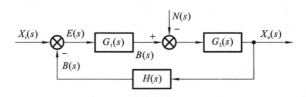

图 3.23　典型控制系统的框图

$$\varepsilon(s) = X_{or}(s) - X_o(s) \tag{3-31}$$

注意:输出量的期望值 $X_{or}(s)$ 在理论上是存在的,但在实际中无法直接测量。

(2) 偏差信号 $E(s)$ 是指参考输入信号 $X_i(s)$ 和反馈信号 $B(s)$ 之差,即

$$E(s) = X_i(s) - B(s) = X_i(s) - H(s)X_o(s) \tag{3-32}$$

由控制系统的工作原理知,当偏差 $E(s)$ 等于零时,系统将不进行调节控制,此时被控量的实际值与期望值相等。于是式(3-31)得到被控量的期望值 $X_{or}(s)$ 为

$$X_{or}(s) = \frac{1}{H(s)} X_i(s) \tag{3-33}$$

把式(3-33)代入式(3-31),求得误差 $\varepsilon(s)$ 为

$$\varepsilon(s) = \frac{1}{H(s)} X_i(s) - X_o(s) \tag{3-34}$$

由式(3-32)和式(3-34)得出误差 $\varepsilon(s)$ 与偏差 $E(s)$ 在复数域的关系为

$$\varepsilon(s) = \frac{E(s)}{H(s)} \tag{3-35}$$

式(3-35)表明,对于单位反馈系统,误差 $\varepsilon(s)$ 和偏差 $E(s)$ 是相等的。对于非单位反馈系统,误差不等于偏差,但由于偏差和误差之间具有确定性的关系,故往往也把偏差作为误差的量度。应该指出的是,误差信号是不可测量的,只有数学意义,一般来讲使用偏差信号来求取稳态误差。

(3) 应用拉氏变换终值定理,很容易求出稳态误差 ε_{ss}。

$$\varepsilon_{ss} = \lim_{s \to 0} \left[s \frac{E(s)}{H(s)} \right] \tag{3-36}$$

下面分析系统在参考输入和干扰输入共同作用下的稳态误差。

由图 3.23 可知,系统在参考输入 $X_i(s)$ 作用下的偏差传递函数为

$$\frac{E(s)}{X_i(s)} = \frac{1}{1 + G_1(s)G_2(s)H(s)}$$

系统在参考输入 $X_i(s)$ 作用下的偏差信号为

$$E(s) = \frac{1}{1 + G_1(s)G_2(s)H(s)} X_i(s)$$

根据式(3-36),系统在参考输入 $X_i(s)$ 作用下的稳态误差为

$$\varepsilon_{iss} = \lim_{s \to 0} \left[s \frac{E(s)}{H(s)} \right] = \lim_{s \to 0} \frac{s X_i(s)}{[1 + G_1(s)G_2(s)H(s)]H(s)} \tag{3-37}$$

系统在干扰输入 $N(s)$ 作用下的偏差传递函数为

$$\frac{E(s)}{N(s)}=\frac{-G_2(s)H(s)}{1+G_1(s)G_2(s)H(s)}$$

系统在干扰输入 $N(s)$ 作用下的偏差信号为

$$E(s)=\frac{-G_2(s)H(s)}{1+G_1(s)G_2(s)H(s)}N(s)$$

故系统在干扰 $N(s)$ 作用下的稳态误差为

$$\varepsilon_{Nss}=\lim_{s\to 0}\left[s\,\frac{E(s)}{H(s)}\right]=\lim_{s\to 0}\frac{-sG_2(s)N(s)}{1+G_1(s)G_2(s)H(s)} \tag{3-38}$$

由式(3-37)和式(3-38),得系统在参考输入 $X_i(s)$ 和干扰 $N(s)$ 共同作用下的稳态误差为

$$\varepsilon_{ss}=\lim_{s\to 0}sE(s)=\varepsilon_{iss}+\varepsilon_{Nss}$$

$$=\lim_{s\to 0}\left\{\frac{sX_i(s)}{[1+G_1(s)G_2(s)H(s)]H(s)}-\frac{sG_2(s)N(s)}{1+G_1(s)G_2(s)H(s)}\right\} \tag{3-39}$$

容易看出,对于单位负反馈系统的稳态误差 ε_{ss} 等于稳态偏差 e_{ss},因此下面不再区分稳态误差 ε_{ss} 和稳态偏差 e_{ss}。如果系统为非单位反馈系统,可采用式(3-37)和式(3-38)直接求解稳态误差。

对于随动系统,参考输入信号是不断变化的,而系统的输出应该以一定的精度跟随控制信号的变化而变化,因此衡量随动系统的工作精度以参考输入下的稳态误差表示。对于恒值控制系统,由于其参考输入信号是恒定的,故衡量系统的工作精度常用干扰作用下的稳态误差表示。

3.7.2　系统的类型和偏差系数

1. 系统的类型

对于任意闭环系统,其开环传递函数 $G_k(s)$ 可写成如下形式。

$$G_k(s)=G(s)H(s)=\frac{K(b_ms^m+b_{m-1}s^{m-1}+\cdots+b_1s+1)}{s^v(a_ns^n+a_{n-1}s^{n-1}+\cdots+a_1s+1)} \tag{3-40}$$

式中: K——开环增益;

v——开环传递函数中积分环节的个数, $v=0$ 时称为 0 型系统, $v=1$ 时称为 Ⅰ 型系统, $v=2$ 时称为 Ⅱ 型系统;对于 $v=3$ 以上的系统,以此类推即可。

2. 系统的偏差系数

(1) 单位阶跃信号输入时,有

$$e_{ss}=\lim_{s\to 0}\frac{1}{H(s)}\frac{1}{1+G(s)H(s)}=\frac{1}{H(0)}\frac{1}{1+\lim_{s\to 0}G(s)H(s)}$$

$$=\frac{1}{H(0)}\frac{1}{1+K_p} \tag{3-41}$$

当 $H(s)$ 在零时刻存在极限时,0 型系统 $K_p=K$, Ⅰ 型系统 $K_p=\infty$, Ⅱ 型系统 K_p

＝∞。如果不存在极限,偏差可根据定义求解。

此处,定义 K_p 为位置偏差系数,即

$$K_p = \lim_{s \to 0} G(s)H(s) \tag{3-42}$$

(2) 单位斜坡信号输入时,有

$$e_{ss} = \lim_{s \to 0} s \frac{1}{H(s)} \frac{1}{1+G(s)H(s)} \frac{1}{s^2} = \frac{1}{H(0)} \frac{1}{\lim_{s \to 0} sG(s)H(s)}$$

$$= \frac{1}{H(0)} \frac{1}{K_v} \tag{3-43}$$

当 $H(s)$ 在零时刻存在极限时,0 型系统 $K_v = \infty$,Ⅰ型系统 $K_v = K$,Ⅱ型系统 K_v ＝0。如果不存在极限,偏差可根据定义求解。

此处,定义 K_v 为速度偏差系数,即

$$K_v = \lim_{s \to 0} sG(s)H(s) \tag{3-44}$$

(3) 加速度信号输入时,有

$$e_{ss} = \lim_{s \to 0} s \frac{1}{H(s)} \frac{1}{1+G(s)H(s)} \frac{1}{s^3} = \frac{1}{H(0)} \frac{1}{\lim_{s \to 0} s^2 G(s)H(s)}$$

$$= \frac{1}{H(0)} \frac{1}{K_a} \tag{3-45}$$

当 $H(s)$ 在零时刻存在极限时,0 型系统 $K_a = \infty$,Ⅰ型系统 $K_a = \infty$,Ⅱ型系统 K_a ＝K。如果不存在极限,偏差可根据定义求解。

此处,定义 K_a 为加速度偏差系数,即

$$K_a = \lim_{s \to 0} s^2 G(s)H(s) \tag{3-46}$$

综上所述,可用表 3-2 来表示系统的稳态误差系数与输入的关系。

表 3-2　稳态误差系数与输入关系

系统类型	K_p	K_v	K_a	稳态误差		
				单位阶跃	单位速度	单位加速度
0 型	K	0	0	$\dfrac{1}{K+1}$	∞	∞
Ⅰ型	∞	K	0	0	$\dfrac{1}{K}$	∞
Ⅱ型	∞	∞	K	0	0	$\dfrac{1}{K}$

例 3.11　已知某单位负反馈系统的开环传递函数为

$$G_k(s) = G(s)H(s) = \frac{2.5(s+1)}{s^2(0.25s+1)}$$

求系统在参考输入 $x_i(t) = 6 + 6t + 6t^2$ 作用下的系统的稳态误差。

解　根据题意知系统为单位负反馈,故稳态误差可用偏差系数求解。将系统开

环传递函数化为标准形式。

$$G_k(s) = G(s)H(s) = \frac{2.5(s+1)}{s^2(0.25s+1)}$$

故为 II 型系统，开环增益为 2.5。稳态误差系数如下。

$$K_p = \lim_{s \to 0} G(s)H(s) = \lim_{s \to 0} \frac{2.5(s+1)}{s^2(0.25s+1)} = \infty$$

$$K_v = \lim_{s \to 0} sG(s)H(s) = \lim_{s \to 0} s \frac{2.5(s+1)}{s^2(0.25s+1)} = \infty$$

$$K_a = \lim_{s \to 0} s^2 G(s)H(s) = \lim_{s \to 0} s^2 \frac{2.5(s+1)}{s^2(0.25s+1)} = 2.5$$

因此，系统的稳态误差为

$$\varepsilon_{ss} = \frac{6}{1+K_p} + \frac{6}{K_v} + \frac{12}{K_a} = \frac{6}{\infty} + \frac{6}{\infty} + \frac{12}{2.5} = 4.8$$

3.7.3　扰动作用下的稳态误差

工程控制系统中除了有参考输入作用以外，还常常受到各种扰动作用，因此在扰动作用下的稳态误差值的大小，反映了系统的抗干扰能力。

如图 3.23 所示的闭环控制系统，由式（3-38）可得系统在扰动作用下的稳态误差为

$$\varepsilon_{ss} = \lim_{s \to 0} \frac{sE(s)}{H(s)} = -\lim_{s \to 0} \frac{sG_2(s)N(s)}{1+G_1(s)G_2(s)H(s)} \tag{3-47}$$

式（3-47）表明，在扰动作用下，系统的稳态误差与开环传递函数、扰动及扰动作用的位置有关。下面通过例题进一步说明干扰作用下稳态误差计算。

例 3.12　图 3.24 所示为单位反馈系统，求在单位阶跃扰动下的稳态误差。

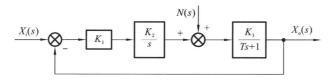

图 3.24　干扰作用下的单位反馈系统

解　由式（3-47）求得系统在单位阶跃扰动下的稳态误差为

$$\varepsilon_{Nss} = -\lim_{s \to 0} \frac{s\dfrac{K_3}{Ts+1}}{1+\dfrac{K_1K_2K_3}{s(Ts+1)}} \frac{1}{s} = 0$$

例 3.13　图 3.25 所示为单位反馈系统，求在单位阶跃扰动下的稳态误差。

解　由式（3-47）求得系统在单位阶跃扰动下的稳态误差为

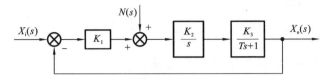

图 3.25 干扰作用下的单位反馈系统

$$\varepsilon_{Nss} = -\lim_{s \to 0} \frac{s \dfrac{K_2 K_3}{s(Ts+1)}}{1 + \dfrac{K_1 K_2 K_3}{s(Ts+1)}} \frac{1}{s} = -\frac{1}{K_1}$$

例 3.12 和例 3.13 表明:在外扰动作用下,系统的稳态误差与偏差信号到扰动作用点之间的积分环节的数目及增益的大小有关,而与外扰动作用点后面的积分环节的数目和增益的大小无关。

系统在参考输入和扰动共同作用下的稳态误差,可利用叠加原理求得,将两种作用分别引起的稳态误差进行叠加。特别要注意,讨论系统的稳态误差是在系统稳定的前提下进行的,对于不稳定的系统,也就不存在稳态误差问题。

3.7.4 控制系统稳态精度改善措施

通常,一个控制系统工作时会受到外界干扰,可以采用如下的措施减小或消除系统的稳态误差,以提高系统的稳态精度。

1. 提高系统的型次

提高系统的型次,尤其是在扰动作用点前引入积分环节,可以减小稳态误差。但是单纯提高系统的型次,会降低系统的稳定程度,因此一般不采用高于 Ⅱ 型的系统。

2. 提高系统的开环增益

提高开环增益,可以明显提高 0 型系统在阶跃输入、Ⅰ 型系统在斜坡输入、Ⅱ 型系统在抛物线输入作用下的稳态精度。但是当开环增益过高时,同样会降低系统的稳定程度。

3. 采用前馈控制

(1) 引入前馈控制,补偿参考输入产生的误差。

图 3.26 所示为引入前馈控制补偿参考输入产生的误差。图 3.26 中 $G_c(s)$ 为补偿器的传递函数。

可得系统的输出为

$$X_o(s) = \frac{[1 + G_c(s)]G(s)}{1 + G(s)} X_i(s) \tag{3-48}$$

系统的偏差为

$$E(s) = X_i(s) - X_o(s) = \frac{1 - G_c(s)G(s)}{1 + G(s)} X_i(s) \tag{3-49}$$

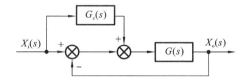

图 3.26　补偿参考输入产生的误差的前馈控制

令 $E(s)=0$，得

$$G_c(s)=\frac{1}{G(s)} \tag{3-50}$$

根据式(3-50)设计补偿器 $G_c(s)$ 时，可使系统在参考输入作用下的稳态误差为零。

(2) 引入前馈控制，补偿扰动作用产生的误差。

图 3.27 所示为引入前馈控制补偿扰动作用产生的误差。

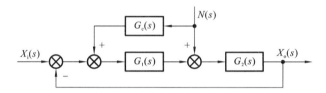

图 3.27　补偿干扰产生误差的前馈控制

图 3.27 中 $G_c(s)$ 为补偿器的传递函数。此时系统在扰动作用下的输出为

$$X_o(s)=\frac{G_2(s)+G_c(s)G_1(s)G_2(s)}{1+G_1(s)G_2(s)}N(s) \tag{3-51}$$

令式(3-51)等于零，得

$$G_c(s)=-\frac{1}{G_1(s)} \tag{3-52}$$

根据式(3-52)设计补偿器 $G_c(s)$ 时，可消除扰动作用下系统误差。

本 章 小 结

时域分析是以时间为自变量来描述物理量的变化，是信号最基本、最直观的表达形式。通过时域分析，可以有效获得控制系统的时域性能，如稳定性、快速性和准确性。通过一阶、二阶系统响应分析，引导初学者弄清高阶系统的时域分析，掌握系统稳定判据和稳态误差计算。本章主要内容如下。

(1) 一阶、二阶、高阶系统的时间响应，欠阻尼二阶系统单位阶跃作用下系统的时域指标。

(2) 控制系统的稳定概念、稳定条件，利用劳斯稳定判据判断系统稳定性，特别注意两种特例情况。

（3）控制系统的稳态误差系数、稳态误差的分析与计算，同时要注意非单位反馈系统稳态误差的计算。

习　　题

3-1　设单位反馈系统的开环传递函数为

$$G_k(s) = \frac{4}{s(s+5)}$$

试求该系统的单位阶跃响应和单位脉冲响应。

3-2　如图 3.28 所示系统，求系统的传递函数及闭环阻尼比为 0.5 时所对应的 K 值。

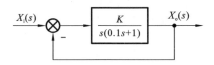

图 3.28　题 3-2 图

3-3　设单位反馈系统的开环传递函数为

$$G_k(s) = \frac{1}{s(s+1)}$$

试求单位阶跃响应的上升时间、峰值时间、最大超调量和调整时间。当

$$G_k(s) = \frac{K}{s(s+1)}$$

时，试分析放大倍数 K 对单位阶跃输入产生的输出动态过程特性的影响。

3-4　已知某系统由下述微分方程描述：

$$\frac{d^2 y(t)}{dt^2} + 2\xi \frac{dy(t)}{dt} + y(t) = x(t), \quad 0 < \xi < 1$$

当 $x(t) = 1(t)$ 时，试求最大超调量。

3-5　设某系统的传递函数为

$$G(s) = \frac{\omega_n^2}{s^2 + 2\xi\omega_n s + \omega_n^2}$$

为使系统对阶跃响应有 5% 的超调量和 2 s 的调整时间，试求 ξ 和 ω_n。

3-6　二阶系统在 s 平面中有一对复数共轭极点，试在 s 平面中画出与下列指标相应的极点可能分布的区域。

（1）$\xi \geqslant 0.707, \omega_n > 2$ rad/s
（2）$0 \leqslant \xi \leqslant 0.707, \omega_n \leqslant 2$ rad/s
（3）$0 \leqslant \xi \leqslant 0.5, 2$ rad/s $\leqslant \omega_n \leqslant 4$ rad/s
（4）$0.5 \leqslant \xi \leqslant 0.707, \omega_n \leqslant 2$ rad/s

3-7　设某伺服电动机的传递函数为

$$G(s) = \frac{\Omega(s)}{U(s)} = \frac{K}{Ts+1}$$

假定伺服电动机以 ω_0 的恒定速度转动,当伺服电动机的控制电压 u_0 突然降到零时,试求其速度响应方程式。

3-8　某单位反馈系统的开环传递函数为

$$G_k(s)=G(s)H(s)=\frac{K}{s(Ts+1)}$$

其中,$K>0$,$T>0$。问放大器增益减少多少才能使系统单位阶跃响应的最大超调由 75% 降到 25%。

3-9　单位阶跃输入情况下测得某伺服机构的响应为

$$x_o(t)=1+0.2e^{-60t}-1.2e^{-10t},\quad t\geqslant 0$$

求:(1) 闭环传递函数;

(2) 系统的无阻尼自然频率及阻尼比。

3-10　某高阶系统,闭环极点如图 3.29 所示,没有零点,请估计其阶跃响应。

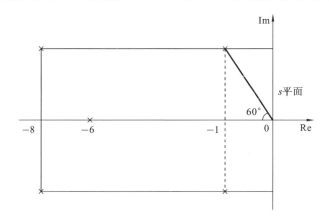

图 3.29　题 3-10 图

3-11　两系统的传递函数分别为 $G_1(s)=\dfrac{2}{2s+1}$ 和 $G_2(s)=\dfrac{1}{s+1}$,当输入信号为 $x_i(t)=1(t)$ 时,试说明其输出到达各自稳态值的 63.2% 的先后。

3-12　试求下列系统的脉冲响应,$G(s)$ 为系统传递函数。

(1) $G(s)=\dfrac{s+3}{s^2+3s+2}$

(2) $G(s)=\dfrac{s^2+3s+5}{(s+1)^2(s+2)}$

3-13　某温度计读数可用一阶系统表示,当它插入恒温水中 1 min 时,显示了该温度的 98%,试求其时间常数 T。又若将该温度计置于浴缸内,浴缸的水温由 0 ℃ 按 10 ℃/min 的规律上升,求温度计的测量误差。

3-14　设计一个二阶欠阻尼系统,使其单位阶跃响应满足 $10\%<M_p<30\%$,$t_s<0.4s(\Delta=0.02)$。试确定闭环极点的取值范围。

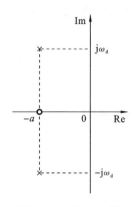

图 3.30 题 3-15 图

3-15 设某系统的闭环极点和闭环零点位于平行于复平面虚轴上的一条直线上,如图 3.30 所示。试求该系统的单位脉冲响应。

3-16 已知系统 S_1 和 S_2 的特征根分别为 $-2.1\pm$ j2.14 和 $-1.4\pm$ j1.43。试分析这两个系统的单位阶跃响应特点。

3-17 某系统的开环传递函数为

$$G_k(s)=G(s)H(s)=\frac{50}{(0.1s+1)(2s+1)}$$

求:(1) 系统的位置偏差系数、速度偏差系数和加速度偏差系数。

(2) 当 $x_i(t)=1+2t+2t^2\ (t\geqslant0)$ 时,系统的稳态误差。

3-18 某单位反馈系统的传递函数为

$$G_b(s)=\frac{a_1s+a_0}{a_ns^n+a_{n-1}s^{n-1}+\cdots+a_1s+a_0}$$

求参考输入为斜坡信号时的稳态误差。

3-19 为使图 3.31(a)所示的系统在参考输入 $x_i(t)=at$(a 为任意常数)作用下的稳态误差 $\varepsilon_{ss}=0$,采用图 3.31(b)所示的前馈控制,求补偿器的参数 K。

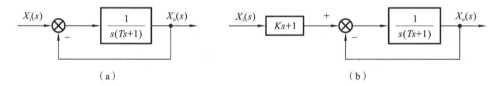

图 3.31 题 3-19 图

3-20 设某单位反馈控制系统的开环传递函数为

$$G_b(s)=\frac{K}{s(0.1s+0.9)(s+1)}$$

现要求系统特征根全部位于复平面上 $s=-1$ 直线之左,试确定此时 K 的取值范围。

第 4 章　控制系统的频域分析

教学提示

引导初学者掌握频率特性的基本概念,开环奈奎斯特(Nyquist)图和伯德(Bode)图的绘制,并根据绘制的频率图来判断系统的稳定性,了解系统动态性能的频域指标。

教学要求

正确理解频率特性的定义,掌握典型环节频率特性,熟练绘制奈奎斯特图和伯德图,掌握并能应用频域判据分析控制系统稳定性,了解频域指标及与时域指标的对应关系。

深化拓宽

由伯德图绘制引入频率响应曲线测定和辨识,弄清传递函数实验测定方法及系统物理构件,学会 MATLAB 软件的应用,明白复角定理的表达形式。

频域分析法也称为频率特性分析法,这种方法是经典控制理论中常用的分析与研究系统特性的方法,也是工程上广为采用的分析与综合系统的间接方法。频域分析法的一个重要特点是通过系统的开环频率特性来分析闭环控制系统的各种特性,而开环频率特性比较容易绘制或通过实验获得。系统的频率特性和系统时域响应之间存在对应关系,这样可以通过频率特性分析系统的稳定性、准确性及快速性。

4.1　频率特性的基本概念

4.1.1　频率响应

微信扫一扫

频率响应(frequency response)是指线性定常系统对正弦信号(或谐波信号)的稳态响应。线性定常系统对正弦信号的响应也包含瞬态响应和稳态响应,瞬态响应不是正弦信号;稳态响应是与输入的正弦信号同频率的正弦波形,但幅值和相位与输入不同。

如图 4.1 所示,设系统传递函数为 $G(s)$,输入信号为

$$x_i(t) = X_{im} \sin\omega t$$

式中:X_{im}——正弦输入信号的幅值;

ω——正弦输入信号的频率。

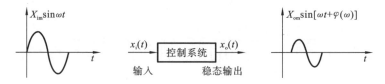

图 4.1 正弦函数输入及稳态响应

则系统的稳态输出为

$$x_o(t) = X_{om}\sin[\omega t + \varphi(\omega)]$$

例 4.1 如图 4.2 所示无源 RC 网络，$u_i(t)$ 为输入电压，$u_o(t)$ 为输出电压，$i(t)$ 为电流，R 为电阻，C 为电容。当输入电压 $u_i(t) = U_{im}\sin\omega t$ 时，求输出电压 $u_o(t)$ 的稳态响应。

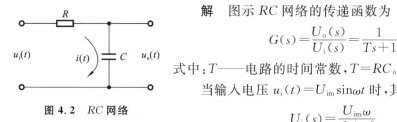

图 4.2 RC 网络

解 图示 RC 网络的传递函数为

$$G(s) = \frac{U_o(s)}{U_i(s)} = \frac{1}{Ts+1}$$

式中：T——电路的时间常数，$T = RC$。

当输入电压 $u_i(t) = U_{im}\sin\omega t$ 时，其拉氏变换为

$$U_i(s) = \frac{U_{im}\omega}{s^2 + \omega^2}$$

根据传递函数的定义知

$$U_o(s) = G(s)U_i(s) = \frac{1}{Ts+1}\frac{U_{im}\omega}{s^2 + \omega^2}$$

对上式进行拉氏反变换，可求得输出为

$$u_o(t) = \frac{U_{im}T\omega}{1+(\omega T)^2}e^{-\frac{t}{T}} + \frac{U_{im}}{\sqrt{1+(\omega T)^2}}\sin(\omega t - \arctan\omega T)$$

由上式可看出：右边第一项为输出电压瞬态分量（系统的自由运动模式）；右边第二项为输出电压稳态分量。当 $\omega \to \infty$ 时，瞬态分量将衰减为零，所以，系统的稳态响应为

$$u_o(t) = \frac{U_{im}}{\sqrt{1+(\omega T)^2}}\sin(\omega t - \arctan\omega T)$$

与输入信号 $u_i(t) = U_{im}\sin\omega t$ 相比，输出为同频率的谐波信号，但幅值 $U_{om} = \dfrac{U_{im}}{\sqrt{1+(\omega T)^2}}$ 和相位 $\varphi_o = -\arctan\omega T$ 与输入不同，且都随频率的变化而变化。

由例 4.1 结果可知，频率响应是时间响应的一种特例。为了研究系统随频率变化的情况，需引入频率特性的概念。

4.1.2 频率特性

线性定常系统在正弦信号（或谐波信号）输入作用下，其稳态输出与输入的幅值

比、相位差随频率变化而变化的特性,被称为频率特性。

其中,幅值比记为 $A(\omega)$,也称为幅频特性,X_{om}、X_{im} 分别为输出、输入幅值,即

$$A(\omega) = \frac{X_{om}}{X_{im}}$$

相位差记为 $\varphi(\omega)$,也称之为相频特性,φ_o、φ_i 分别为输出、输入相位,即

$$\varphi(\omega) = \varphi_o - \varphi_i$$

幅频特性与相频特性统称为频率特性。

对例 4.1,有

$$A(\omega) = \frac{U_{om}}{U_{im}} = \frac{1}{\sqrt{1+\omega^2 T^2}}$$

$$\varphi(\omega) = -\arctan\omega T.$$

若输入信号的振幅 X_{im} 保持恒定,改变频率 ω ,则输入、输出的幅值比 $A(\omega)$ 及相位差 $\varphi(\omega)$ 都是频率 ω 的函数。当输入正弦信号的频率一定时,输出的幅值和相位也就确定了。

研究频率特性的意义在于:当信号频率 ω 变化时,输出的幅值 $X_o(\omega)$ 及相位 $\varphi_o(\omega)$ 也随之变化。输入、输出的幅值比 $A(\omega)$ 描述了系统在稳态状态下,其输入与输出之间的幅值比随频率变化的情况,即幅值的衰减或放大特性;输入、输出的相位差 $\varphi(\omega)$ 则描述了系统输出相位相对于输入相位的滞后或超前特性。

规定相位差 $\varphi(\omega)$ 按逆时针方向旋转为正值,按顺时针方向旋转为负值。对于物理系统,相位一般是滞后的,即 $\varphi(\omega)$ 是负值。

4.1.3　频率特性的求取方法及表达方式

微信扫一扫

频率特性反映了系统的固有特性,它包含了系统固有特性的全部信息。对于这一点,可以通过研究频率特性与传递函数的关系来认识。

1. 频率特性与传递函数的关系

设稳定的线性定常系统,其微分方程为

$$a_n x_o^{(n)}(t) + a_{n-1} x_o^{(n-1)}(t) + \cdots + a_1 \dot{x}_o(t) + a_0 x_o(t)$$
$$= b_m x_i^{(m)}(t) + b_{m-1} x_i^{(m-1)}(t) + \cdots + b_1 \dot{x}_i(t) + b_0 x_i(t), \quad n \geqslant m \quad (4\text{-}1)$$

则系统的传递函数为

$$G(s) = \frac{X_o(s)}{X_i(s)} = \frac{b_m s^m + b_{m-1} s^{m-1} + \cdots + b_1 s + b_0}{a_n s^n + a_{n-1} s^{n-1} + \cdots + a_1 s + a_0} \quad (4\text{-}2)$$

设输入的正弦信号为

$$x_i(t) = X_{im}\sin\omega t \quad (4\text{-}3)$$

式(4-3)的拉氏变换为

$$X_i(s) = \frac{X_{im}\omega}{s^2 + \omega^2} \quad (4\text{-}4)$$

由式(4-2)、式(4-4)可得

$$X_o(s) = G(s)X_i(s) = \frac{b_m s^m + b_{m-1} s^{m-1} + \cdots + b_1 s + b_0}{a_n s^n + a_{n-1} s^{n-1} + \cdots + a_1 s + a_0} \cdot \frac{X_{im}\omega}{s^2 + \omega^2} \tag{4-5}$$

若对式(4-5)进行拉氏反变换,即可求得系统的响应。不妨设系统无重极点,则式(4-5)可拆项为

$$X_o(s) = \sum_{k=1}^{n} \frac{A_k}{s - s_k} + \frac{B}{s - j\omega} + \frac{C}{s + j\omega} \tag{4-6}$$

式中:s_k——系统的极点;

A_k、B、C——待定系数。

对式(4-6)进行拉氏反变换,可得系统的响应为

$$x_o(t) = \sum_{k=1}^{n} A_k e^{s_k t} + B e^{j\omega t} + C e^{-j\omega t} \tag{4-7}$$

由于系统是稳定的,其极点均分布在复平面的左半平面,因此,式(4-7)右边的前 k 项都是收敛的,当 $t \to \infty$ 时,全部会衰减到零。因而系统的稳态响应为

$$x_o(t) = B e^{j\omega t} + C e^{-j\omega t} \tag{4-8}$$

若系统有 p 个重极点 s_p,其对应的响应项为 $x_o(t) = t^p e^{s_p t}$,当极点实部为负时,容易证明该项是收敛的。故无论系统是否存在重极点,系统的稳态响应均为式(4-8)。

确定待定系数 B、C。

由式(4-5)和式(4-6)可得

$$G(s)\frac{X_{im}\omega}{s^2 + \omega^2} = \sum_{k=1}^{n} \frac{A_k}{s - s_k} + \frac{B}{s - j\omega} + \frac{C}{s + j\omega} \tag{4-9}$$

由留数定理有

$$B = G(s)\frac{X_{im}\omega}{s + j\omega} - (s - j\omega)\left(\sum_{k=1}^{n} \frac{A_k}{s - s_k} - \frac{C}{s + j\omega}\right) \tag{4-10}$$

令 $s = j\omega$,代入式(4-10)可得

$$B = G(j\omega)\frac{X_{im}}{2j} \tag{4-11}$$

同理可得

$$C = -G(-j\omega)\frac{X_{im}}{2j} \tag{4-12}$$

显然 B、C 为共轭复数,将二者代入式(4-8)并整理,可得系统的稳态响应为

$$x_o(t) = G(j\omega)\frac{X_{im}}{2j}e^{j\omega t} - G(-j\omega)\frac{X_{im}}{2j}e^{-j\omega t}$$

$$= |G(j\omega)|e^{j\angle G(j\omega)}\frac{X_{im}}{2j}e^{j\omega t} - |G(j\omega)|e^{-j\angle G(j\omega)}\frac{X_{im}}{2j}e^{-j\omega t}$$

$$= |G(j\omega)|X_{im}e^{j\angle G(j\omega)}\frac{1}{2j}(e^{j(\omega t + \angle G(j\omega))} - e^{-j(\omega t + \angle G(j\omega))})$$

$$= |G(j\omega)| X_{im}\sin(\omega t + \angle G(j\omega)) \tag{4-13}$$

结合频率特性的定义可知,系统的幅频特性为

$$A(\omega) = |G(j\omega)| \tag{4-14}$$

相频特性为

$$\varphi(\omega) = \angle G(j\omega) \tag{4-15}$$

故系统的频率特性可表示为

$$G(j\omega) = A(\omega)e^{j\varphi(\omega)} = |G(j\omega)|e^{j\angle G(j\omega)} \tag{4-16}$$

将系统传递函数的自变量 s 变为 $j\omega$,即 $s=j\omega$,此时,$G(s) \rightarrow G(j\omega)$,因此,$G(j\omega)$ 就是系统的频率特性。

注意:$G(j\omega)$ 是一个矢量,如图 4.3 所示。

可见频率特性是以复数 $j\omega$ 为自变量的函数,它包含了与传递函数相同的信息,反映了系统的固有特性,故也是系统的一种数学模型。与传递函数相比,频率特性是自变量定义在虚轴上的传递函数,是传递函数的特例。

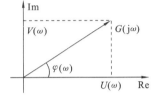

图 4.3 频率特性的矢量表示

2. 频率特性的求取方法

频率特性一般可以通过以下三种方法得到。

(1) 根据已知的微分方程,把输入以正弦函数代入,求其稳态解,取输出稳态分量和输入正弦函数的复数之比(即幅值之比和相位之差)求得(参见例 4.1)。

(2) 根据系统的传递函数求取。将 $s=j\omega$ 代入传递函数中,可直接得到系统的频率特性。

例 4.2 已知某系统的传递函数为 $G(s)$,试求系统的频率特性。

解 系统的频率特性表达式为

$$G(j\omega) = G(s)|_{s=j\omega} = \mathrm{Re}[G(j\omega)] + j\mathrm{Im}[G(j\omega)]$$
$$= U(\omega) + jV(\omega)$$

式中:$U(\omega)$——复数的实部,称为实频特性;

$V(\omega)$——复数的虚部,称为虚频特性。

故幅频特性为

$$A(\omega) \equiv |G(j\omega)| = \sqrt{[U(\omega)]^2 + [V(\omega)]^2}$$

相频特性为

$$\varphi(\omega) \equiv \angle G(j\omega) = -\arctan\left[\frac{V(\omega)}{U(\omega)}\right]$$

(3) 通过实验求得。

对于一个实际存在的系统,如果其结构无法通过解析法得到微分方程和传递函数,当然就不能用上述两种方法求取频率特性。

可用各种不同频率的正弦信号作为系统的输入,然后对其响应进行检测,并分别记录响应与输入信号的幅值比和相位差,根据其变化规律分别绘制成曲线,即可求得

系统的频率特性,这就是系统辨识问题。当然,根据频率特性,也能求解系统的传递函数。

3. 频率特性的表示方法

1)频率特性的极坐标图

频率特性的极坐标图也称为幅相特性图,或奈奎斯特图,简称奈氏图。

由于频率特性 $G(j\omega)$ 是 ω 的复变函数,故 $G(j\omega)$ 可在 $G(j\omega)$ 复平面上表示。对于给定的 ω ,频率特性可由复平面上相应的矢量 $G(j\omega)$ 描述,当 ω 由 $0 \rightarrow \infty$ 变化时,

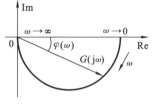

图 4.4 极坐标图

$G(j\omega)$ 矢量端点的轨迹即为频率特性的极坐标曲线,该曲线连同极坐标一起被称为极坐标图,如图 4.4 所示。

2)频率特性的对数坐标图

频率特性的对数坐标图也称为对数频率特性图,或伯德图。

由于

$$G(j\omega) = A(j\omega)e^{j\varphi(\omega)}$$

故

$$\ln G(j\omega) = \ln A(\omega) + j\varphi(\omega)$$

因此,对数频率特性图用两个坐标图表示,即

(1)对数幅频特性 $L(\omega)$,即

$$L(\omega) = 20\lg A(\omega) = 20\lg |G(j\omega)| \quad (分贝,\text{decibel})$$

对数幅频特性的横坐标为对数分度,表示 ω 的对数值,即 $\lg\omega$,单位为 rad/s,或 s^{-1} ;纵坐标则为线性分度,表示幅频特性的分贝值,或 dB 表示。

(2)对数相频特性 $\varphi(\omega)$ 。对数相频特性纵坐标也为线性分度,表示 $G(j\omega)$ 的相位,单位为(°),其横坐标采用与对数幅频特性相同的对数坐标。

对数坐标如图 4.5 所示。为方便计算,横坐标以 ω 标识,但代表对数分度;此外,当频率变化 10 倍时,称为一个"十倍频程",可用 decade 表示,简记为"dec"。

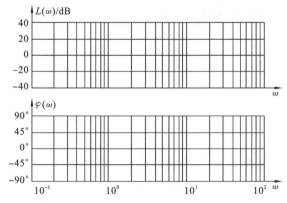

图 4.5 伯德图坐标

3）对数幅相频率特性

对数幅相频率特性也称为尼克尔斯(Nichols)图。它是在所研究的频率范围内，以频率 ω 作为参数来表示的对数幅值与相角关系的图。

4.2　典型环节的频率特性

4.2.1　比例环节

比例环节的传递函数为

$$G(s)=k$$

频率特性表达式为

$$G(\mathrm{j}\omega)=k=k+\mathrm{j}0$$

1. 比例环节的奈奎斯特图

幅频特性为

$$A(\omega)=|G(\mathrm{j}\omega)|=\sqrt{[U(\omega)]^2+[V(\omega)]^2}=k$$

相频特性为

$$\varphi(\omega)=\angle G(\mathrm{j}\omega)=\arctan\left[\frac{V(\omega)}{U(\omega)}\right]=0°$$

图 4.6　比例环节奈奎斯特图

这表明：当 $\omega=0\to\infty$ 时，$G(\mathrm{j}\omega)$ 的幅值总是 k，相位总是 $0°$，$G(\mathrm{j}\omega)$ 的极坐标图为实轴上的一个定点，其坐标为 $(k,\mathrm{j}0)$，如图 4.6 所示。

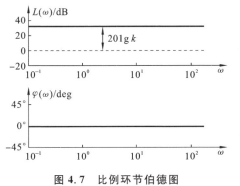

图 4.7　比例环节伯德图

2. 比例环节的对数坐标图(伯德图)

对数幅频特性为

$$L(\omega)=20\lg A(\omega)=20\lg k$$

对数相频特性为

$$\varphi(\omega)=0°$$

显然，比例环节的对数幅频特性为 $L(\omega)=20\lg k$ 分贝，为恒定值(当 k 为定值时)，故在对数幅频特性图上为一条水平线(参见图 4.7)，其位置取决于 k 值的大小；比例环节的对数相频特性 $\varphi(\omega)=0°$，

即相位差恒等于零，故在对数相频特性图上为"0°"线(参见图 4.7)。

4.2.2　惯性环节

惯性环节的传递函数为

$$G(s) = \frac{1}{Ts+1}$$

频率特性为

$$G(j\omega) = \frac{1}{j\omega T+1} = \frac{1}{(\omega T)^2+1} - j\frac{\omega T}{(\omega T)^2+1}$$

$$U(\omega) = \frac{1}{(\omega T)^2+1}$$

$$V(\omega) = -\frac{\omega T}{(\omega T)^2+1}$$

1. 惯性环节的奈奎斯特图

幅频特性为

$$|G(j\omega)| = \sqrt{[U(\omega)]^2+[V(\omega)]^2} = \frac{1}{\sqrt{1+(\omega T)^2}}$$

相频特性为

$$\varphi(\omega) = \angle G(j\omega) = \arctan\frac{V(\omega)}{U(\omega)} = -\arctan\omega T$$

当 ω 分别取 0、$1/T$、∞ 时,其幅频特性及相频特性分别为

$$G(j0) = 1\angle 0°$$

$$G\left(j\frac{1}{T}\right) = \frac{1}{\sqrt{2}}\angle -45°$$

$$G(j\infty) = 0\angle -90°$$

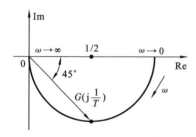

图 4.8　惯性环节的奈奎斯特图

当 ω 由 $0 \to \infty$ 时,惯性环节的幅相频率特性(奈奎斯特图)为一个半圆,如图 4.8 所示。证明如下。

因为

$$U(\omega) = \frac{1}{(\omega T)^2+1}$$

$$V(\omega) = -\frac{\omega T}{(\omega T)^2+1}$$

故

$$\frac{V(\omega)}{U(\omega)} = -\omega T$$

所以

$$U(\omega) = \frac{1}{(\omega T)^2+1} = \frac{1}{\dfrac{V^2(\omega)}{U^2(\omega)}} = \frac{U^2(\omega)}{U^2(\omega)+V^2(\omega)}$$

即

$$\left[U(\omega)-\frac{1}{2}\right]^2 + V^2(\omega) = \left(\frac{1}{2}\right)^2$$

上式即为圆心在 $(1/2, 0)$、半径为 $1/2$ 的圆方程。

2. 惯性环节的伯德图

对数幅频特性为

$$L(\omega)=20\lg|G(\mathrm{j}\omega)|=-20\lg\sqrt{1+(\omega T)^2}$$

对数相频特性为

$$\varphi(\omega)=-\arctan\omega T$$

（1）对数幅频特性渐近线：

$$L(\omega)=\begin{cases}0, & \omega\ll1/T \\ -20\lg\omega T, & \omega\gg1/T\end{cases}$$

当 $\omega\ll1/T$ 时，$L(\omega)=-20\lg\sqrt{1+(\omega T)^2}\approx-20\lg1=0$ dB，对数幅频特性在低频段近似为 0 dB 水平线，称为低频渐近线（见图 4.9）。

当 $\omega\gg1/T$ 时，$L(\omega)=-20\lg\sqrt{1+(\omega T)^2}\approx-20\lg\omega T$，对数幅频特性在高频段近似为一条斜线（$\lg\omega$ 是实质上的横坐标），它始于点 $(1/T,0)$，斜率为 -20dB/dec，此斜线为高频渐近线（见图 4.9）。其中，频率 $\omega=\omega_T=1/T$ 称之为转折（角）频率。

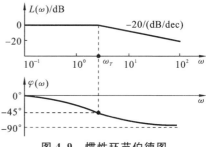

因惯性环节的对数相频特性 $\varphi(\omega)=-\arctan\omega T$ 是用反正切函数来表示的，所以对数相频特性图是关于在 $(1/T,-45°)$ 拐点斜对称的反正切曲线，如图 4.9 所示。

图 4.9　惯性环节伯德图

为方便绘制伯德图，可将横坐标进行变换，即：

① 以 $\lg\omega T$ 为横坐标，当 $\omega T=1$，即 $\omega=\omega_T=1/T$，此时转折点为 $(1,0)$ 点，如图 4.10（a）所示；

② 以 $\lg\omega/T$ 为横坐标，当 $\omega=T$，即 $\omega=\omega_T=T$，此时转折点也为 $(1,0)$ 点，如图 4.10（b）所示。

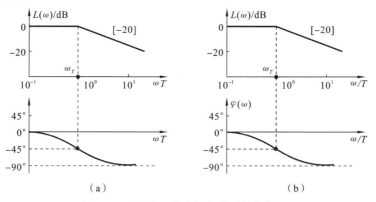

图 4.10　惯性环节坐标变换后的伯德图

图中[-20]为斜率的简便标识方法，表示斜率为 -20 dB/dec，[20]则表示斜率为 20 dB/dec，[-40] 表示斜率为 -40 dB/dec；……

（2）渐近线误差修正曲线。

用渐近线作图简单方便,且接近精确曲线,在系统初步设计阶段经常采用。若需要精确的对数幅频特性曲线,可采用如下两种方式处理。

① 根据对数幅频特性 $L(\omega)=20\lg|G(j\omega)|=-20\lg\sqrt{1+(\omega T)^2}$,$\omega$ 取不同的值,直接计算 $L(\omega)$,再绘制其对数幅频特性曲线。

② 参见图 4.11 所示的误差曲线对渐近线进行修正。其误差可通过下式计算。

$$\Delta L(\omega)=\begin{cases}-20\lg\sqrt{1+(\omega T)^2}, & \omega\ll1/T \\ -20\lg\sqrt{1+(\omega T)^2}+20\lg\omega T, & \omega\gg1/T\end{cases}$$

从图 4.11 中可以看出,最大误差发生在转折频率 $\omega_T=1/T$ 处,约为 -3 dB。因此,通过处理后,可绘制精确对数幅频特性曲线,如图 4.12 所示。

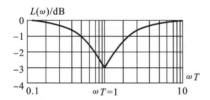

图 4.11　惯性环节的误差曲线

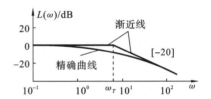

图 4.12　惯性环节对数幅频特性

4.2.3　一阶微分环节

一阶微分环节的传递函数为

$$G(s)=1+sT$$

频率特性表达式为

$$G(j\omega)=1+j\omega T$$

1. 一阶微分环节的奈奎斯特图

幅频特性

$$|G(j\omega)|=\sqrt{[U(\omega)]^2+[V(\omega)]^2}=\sqrt{1+(\omega T)^2}$$

相频特性

$$\angle G(j\omega)=\arctan\left[\frac{V(\omega)}{U(\omega)}\right]=\arctan\omega T$$

当 ω 分别取 0、$1/T$、∞ 时,其幅频特性及相频特性分别为

$$G(j0)=1\angle0°$$

$$G\left(j\frac{1}{T}\right)=\sqrt{2}\angle45°$$

$$G(j\infty)=\infty\angle90°$$

可见,当 ω 由 $0\rightarrow\infty$ 时,$G(j\omega)$ 的幅值由 $1\rightarrow\infty$,其相位 $0°\rightarrow90°$。因此一阶微分环节频率特性极坐标(奈奎斯特)图始于点 $(1,j0)$,平行于虚轴,是第一象限中的一条垂

线,如图 4.13 所示。

2. 一阶微分环节的伯德图

对数幅频特性为

$$L(\omega)=20\lg|G(j\omega)|=20\lg\sqrt{1+(\omega T)^2}$$

对数相频特性为

$$\varphi(\omega)=\arctan\omega T$$

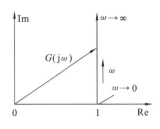

图 4.13 一阶微分环节
奈奎斯特图

（1）对数幅频特性渐近线为

$$L(\omega)=\begin{cases}0, & \omega\ll1/T\\20\lg\omega T, & \omega\gg1/T\end{cases}$$

即当 $\omega\ll1$ 时, $L(\omega)=-20\lg\sqrt{1+(\omega T)^2}\approx20\lg1=0$ dB,对数幅频特性在低频段近似为 0 dB 水平线,称为低频渐近线(见图 4.14)。

当 $\omega\gg1/T$ 时, $L(\omega)=20\lg\sqrt{1+(\omega T)^2}\approx20\lg\omega T$,对数幅频特性在高频段近似为一条斜线,它始于点 $(1/T,0)$,斜率为 20 dB/dec,此斜线为高频渐近线(见图 4.14)。

其中,频率 $\omega=\omega_T=1/T$ 称为转折(角)频率。

一阶微分环节的对数相频特性 $\varphi(\omega)=\arctan\omega T$ 也是用反正切函数来表示的,所以对数相频特性图是关于在 $(1/T,45°)$ 拐点斜对称的反正切曲线,如图 4.14 所示。

比较图 4.9 及图 4.14 可知:一阶惯性环节与一阶微分环节(当时间常数相等时)的对数幅频特性和对数相频特性分别对称于 0 分贝线和 0°线。

（2）一阶微分环节的精确对数幅频特性曲线。

绘制一阶微分环节的精确对数幅频特性曲线可参照一阶惯性环节的处理方法。用渐近线表达的对数幅频特性曲线,其最大误差发生在转折频率 $\omega_T=1/T$ 处,约为 3 dB,如图 4.15 所示。

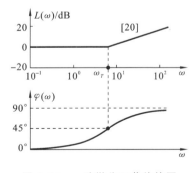

图 4.14 一阶微分环节伯德图

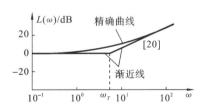

图 4.15 一阶微分环节对数幅频特性

4.2.4 二阶振荡环节

二阶振荡环节的传递函数为

$$G(s)=\frac{\omega_{\mathrm{n}}^2}{s^2+2\xi\omega_{\mathrm{n}}s+\omega_{\mathrm{n}}^2}$$

令 $\omega_{\mathrm{n}}=1/T$,则

$$G(s)=\frac{\omega_{\mathrm{n}}^2}{s^2+2\xi\omega_{\mathrm{n}}s+\omega_{\mathrm{n}}^2}=\frac{1}{T^2s^2+2\xi Ts+1}$$

频率特性表达式为

$$G(\mathrm{j}\omega)=\frac{1}{1-(\omega T)^2+\mathrm{j}2\xi\omega T}=\frac{1-(\omega T)^2-\mathrm{j}2\xi\omega T}{(1-(\omega T)^2)^2+(2\xi\omega T)^2}$$

实频特性为

$$U(\omega)=\frac{1-(\omega T)^2}{(1-(\omega T)^2)^2+(2\xi\omega T)^2}$$

虚频特性为

$$V(\omega)=\frac{-2\xi\omega T}{(1-(\omega T)^2)^2+(2\xi\omega T)^2}$$

1. 二阶振荡环节的奈奎斯特图

幅频特性为

$$|G(\mathrm{j}\omega)|=\sqrt{[U(\omega)]^2+[V(\omega)]^2}$$
$$=\frac{1}{\sqrt{(1-(\omega T)^2)^2+(2\xi\omega T)^2}}$$

相频特性为

$$\angle G(\mathrm{j}\omega)=\arctan\left[\frac{V(\omega)}{U(\omega)}\right]=-\arctan\frac{2\xi\omega T}{1-(\omega T)^2}$$

当 ω 分别取 0、$1/T$、∞ 时,其幅频特性及相频特性分别为

$$G(\mathrm{j}0)=1\angle0°$$
$$G\left(\mathrm{j}\frac{1}{T}\right)=\frac{1}{2\xi}\angle-90°$$
$$G(\mathrm{j}\infty)=0\angle-180°$$

可见,当 ω 由 $0\to\infty$ 时,$G(\mathrm{j}\omega)$ 的幅值由 $1\to0$,其相位 $0°\to-180°$,因此高频部分与负实轴相切,其极坐标图始于点 $(1,\mathrm{j}0)$,终于点 $(0,\mathrm{j}0)$,如图 4.16 所示。曲线与虚轴的交点的频率就是无阻尼固有频率 ω_{n},此时的幅值为 $1/(2\xi)$,曲线在第三和第四象限。

幅频特性随 ω 的变化而变化的关系如图 4.17 所示,可以看出:幅频特性从 1 出发,先单调递增到一定值,然后单调递减,最终收敛到 0,故会出现峰值。

值得注意的是,振荡环节极坐标图及其幅频特性的形状不仅与频率 ω 有关,而且会随其阻尼比 ξ 取值的不同而发生变化,且随着 ξ 的减小,频率特性的峰值越明显。

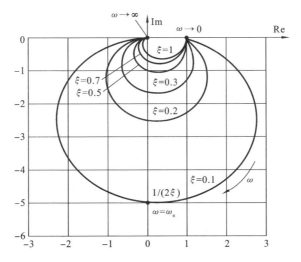

图 4.16　二阶振荡环节奈奎斯特图

此时出现极值点及对应的频率分别称为谐振峰值 M_r 及谐振频率 ω_r。

令

$$\frac{d|G(j\omega)|}{d\omega}=0$$

而　　$|G(j\omega)|=\dfrac{1}{\sqrt{(1-(\omega T)^2)^2+(2\xi\omega T)^2}}$

即可求得

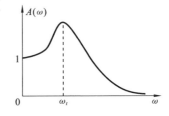

图 4.17　二阶振荡环节振幅图

$$\omega_r=\omega_n\sqrt{1-2\xi^2} \qquad (4\text{-}17)$$

这就是说,当 $\omega=\omega_r$ 时,$|G(j\omega)|$ 会出现峰值。当 $1-2\xi^2\geqslant 0$,即 $\xi\leqslant 0.707$ 时,式 (4-17)才有意义,$|G(j\omega)|$ 才有峰值。其谐振峰值 M_r 为

$$M_r=|G(j\omega)|_{max}=\frac{1}{\sqrt{(1-(\omega T)^2)^2+(2\xi\omega T)^2}}\Bigg|_{\omega=\omega_r}$$

$$=\frac{1}{2\xi\sqrt{1-\xi^2}} \qquad (4\text{-}18)$$

当阻尼比 $\xi\to 0$ 时,$\omega_r\to\omega_n$,此时 $|G(j\omega)|$ 峰值将趋于 ∞。

2. 二阶振荡环节的伯德图

对数幅频特性为

$$L(\omega)=20\lg A(\omega)=-20\lg\sqrt{(1-(\omega T)^2)^2+(2\xi\omega T)^2}$$

对数相频特性为

$$\angle G(j\omega)=-\arctan\frac{2\xi\omega T}{1-(\omega T)^2}$$

(1) 对数幅频特性渐近线为

$$L(\omega) = \begin{cases} 0, & \omega \ll 1/T \\ -40\lg\omega T, & \omega \gg 1/T \end{cases}$$

即当 $\omega \ll 1/T$ 时，$L(\omega) = -20\lg\sqrt{(1-(\omega T)^2)^2+(2\xi\omega T)^2} \approx -20\lg 1 = 0$ dB，对数幅频特性在低频段近似为 0 dB 水平线，即低频渐近线。

当 $\omega \gg 1/T$ 时，$L(\omega) = -20\lg\sqrt{(1-(\omega T)^2)^2+(2\xi\omega T)^2} \approx -20\lg\sqrt{((\omega T)^2)^2} = -40\lg\omega T$。

对数幅频特性在高频段近似为一条斜线，它始于点 $(1/T, 0)$，斜率为 -40 dB/dec，此斜线为高频渐近线。

可见，低频渐近线为 0 dB 水平线；高频渐近线始于点 $(1/T, 0)$，斜率为 -40 dB/dec，如图 4.18 所示。其中，频率 $\omega = \omega_T = 1/T$ 为转折（角）频率。

因对数相频特性 $\varphi(\omega) = -\arctan\dfrac{2\xi\omega T}{1-(\omega T)^2}$ 是用反正切函数来表示的，所以对数相频特性图是关于在 $(1/T, -90°)$ 拐点斜对称的反正切曲线，如图 4.18 所示。

（2）误差修正曲线。

用渐近线（折线）来代替实际伯德图所产生的误差如图 4.19 所示，该曲线是根据不同的 ω_n 和 ξ 值而作出的。根据修正曲线（或计算），可获得振荡环节的精确对数幅频和相频特性曲线，见图 4.20。

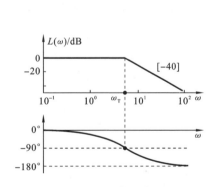

图 4.18 二阶振荡环节伯德图

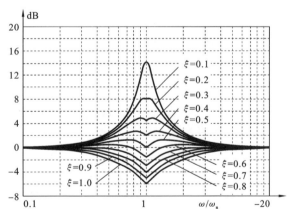

图 4.19 振荡环节对数幅频特性误差修正曲线

由振荡环节的对数幅频特性 $L(\omega) = 20\lg A(\omega) = -20\lg\sqrt{(1-(\omega T)^2)^2+(2\xi\omega T)^2}$ 可知，其精确曲线不仅与 ω_n 有关，而且与 ξ 也有关。ξ 越小，ω_n 处或它附近的峰值越高，则用渐近线替代实际曲线的误差就越大（参见图 4.19）。

当 $0.4 < \xi < 0.707$ 时，最大误差小于 3 dB，这时，可允许不对渐近线进行修正（参见图 4.19）。在此范围外，$\xi < 0.4$ 或 $\xi > 0.707$，用渐近线替代则误差较大，应进行修正。

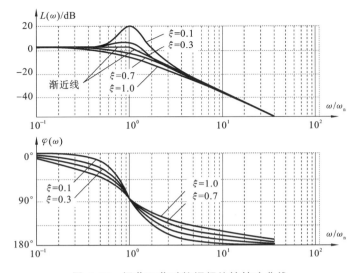

图 4.20 振荡环节对数幅频特性精确曲线

4.2.5 积分环节

积分环节的传递函数为

$$G(s) = \frac{1}{s}$$

积分环节的频率特性为

$$G(j\omega) = \frac{1}{j\omega} = -j\frac{1}{\omega}$$

1. 积分环节的极坐标图(奈奎斯特图)

幅频特性为

$$|G(j\omega)| = \sqrt{[U(\omega)]^2 + [V(\omega)]^2} = \frac{1}{\omega}$$

相频特性为

$$\angle G(j\omega) = \arctan\left[\frac{V(\omega)}{U(\omega)}\right] = -90°$$

当 $\omega = 0 \rightarrow \infty$ 时,$G(j\omega)$ 的幅值为 $\infty \rightarrow 0$,相位总是 $-90°$,$G(j\omega)$ 的极坐标图为负虚轴,且由负无穷远处指向原点,如图 4.21 所示。

2. 积分环节的对数坐标图(伯德图)

对数幅频特性为

$$L(\omega) = 20\lg A(\omega) = -20\lg\omega$$

对数相频特性为

$$\varphi(\omega) = -90°$$

显然,积分环节的对数幅频特性为过点(1,0)、斜率为-20 dB/dec 的一条直线(是实质上的横坐标),对数相频特性为$-90°$的水平线,如图 4.22 所示。

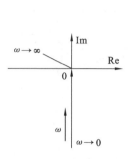

图 4.21 积分环节奈奎斯特图

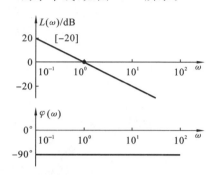

图 4.22 积分环节伯德图

4.2.6 延迟环节

延迟环节的传递函数为

$$G(s) = e^{-\tau s}$$

频率特性为

$$G(j\omega) = 1 \cdot e^{-j\tau\omega}(指数形式的表达式)$$

1. 延迟环节的极坐标图(奈奎斯特图)

幅频特性为

$$A(\omega) = 1$$

相频特性为

$$\varphi(\omega) = -\tau\omega$$

延迟环节的幅频特性恒为 1,而相频特性随 ω 从当 $0 \to \infty$(顺时针方向),因此其极坐标图为以原点为圆心,半径为 1 的单位圆,端点则在单位圆无限循环,如图 4.23 所示。

2. 延迟环节的伯德图

对数幅频特性为

$$L(\omega) = 20\lg A(\omega) = 0$$

对数相频特性为

$$\varphi(\omega) = -\tau\omega$$

延迟环节的对数幅频特性为 0 dB 线,对数相频特性图 $\varphi(\omega)$ 为随 ω 的变化而线性增加的曲线——由于其横坐标是 $\lg\omega$,因此 $\varphi(\omega) = -\tau\omega$ 在伯德图上为单调下降的曲线,如图 4.24 所示。

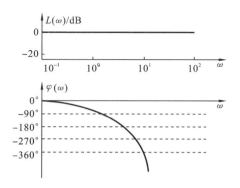

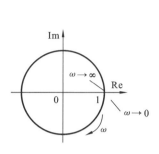

图 4.23　延迟环节
奈奎斯特图

图 4.24　延迟环节伯德图

4.3　控制系统的开环频率特性

4.3.1　最小相位系统

微信扫一扫

在研究中发现,有些系统的幅频特性完全相同,但相频特性却不同。

例 4.3　试比较系统 $G_a(s)=\dfrac{T_1s+1}{T_2s+1}$ 与 $G_b(s)=\dfrac{T_1s-1}{T_2s+1}$（$T_2>T_1$）的幅频特性与相频特性。

解　两系统的幅频特性分别为

$$A_a(\omega)=\frac{\sqrt{1+(\omega T_1)^2}}{\sqrt{1+(\omega T_2)^2}}$$

$$A_b(\omega)=\frac{\sqrt{1+(\omega T_1)^2}}{\sqrt{1+(\omega T_2)^2}}$$

即 $A_a(\omega)=A_b(\omega)$,两系统的幅频特性相同。

两系统的相频特性分别为

$$\angle G_a(j\omega)=\arctan\omega T_1-\arctan\omega T_2$$
$$\angle G_b(j\omega)=-\arctan\omega T_1-\arctan\omega T_2$$

其对数相频特性曲线如图 4.25 所示。显然,系统 $G_a(s)$ 的相角变化小于系统 $G_b(s)$,且对于任意频率 ω 值,系统 $G_a(s)$ 的相角滞后总小于系统 $G_b(s)$ 的相角滞后。

由此引出最小相位系统的概念。

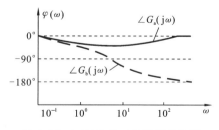

图 4.25　两系统的对数相频特性图

在复平面 s 右半平面上没有零点和极点的传递函数称为最小相位传递函数,反之即为非最小相位传递函数。

具有最小相位传递函数的系统称为最小相位系统,反之则为非最小相位系统。

显然,例 4.2 中的系统 $G_a(s)$ 为最小相位系统,系统 $G_b(s)$ 则为非最小相位系统。

对最小相位系统而言,当 ω 变化从 0 变化到 ∞ 范围内,幅频特性与相频特性之间有确定的单值对应关系,但对于非最小相位系统则是不成立的。一般情况下,实际工程系统基本上属于最小相位系统,以后如无特殊说明,一般指的是最小相位系统。

对于稳定的非最小相位系统只存在位于 s 右半平面的零点,最小相位系统的相角变化范围一定小于相应的非最小相位系统的相角变化范围。

4.3.2 系统开环传递函数奈奎斯特图的绘制

微信扫一扫

1. 绘制传递函数奈奎斯特图的一般方法

为了绘制传递函数奈奎斯特图的大致形状,一般采用描点法,作图步骤如下。

步骤 1 将开环传递函数表示成若干典型环节的串联形式,即

$$G(s)H(s)=G_1(s)G_2(s)\cdots G_n(s) \tag{4-19}$$

步骤 2 求系统的频率特性,并表示为幅频和相频特性的形式。

$$G(j\omega)H(j\omega)=A(\omega)e^{j\varphi(\omega)}=A_1(\omega)e^{j\varphi_1(\omega)}A_2(\omega)e^{j\varphi_2(\omega)}\cdots A_n(\omega)e^{j\varphi_n(\omega)}$$

$$=A_1(\omega)A_2(\omega)\cdots A_n(\omega)e^{j[\varphi_n(\omega)+\varphi_2(\omega)+\cdots+\varphi_n(\omega)]} \tag{4-20}$$

即

$$A(\omega)=A_1(\omega)A_2(\omega)\cdots A_n(\omega) \tag{4-21}$$

$$\varphi(\omega)=\varphi_1(\omega)\varphi_2(\omega)\cdots\varphi_n(\omega) \tag{4-22}$$

步骤 3 分别求出 $A(0)$、$\varphi(0)$、$A(\infty)$、$\varphi(\infty)$,并表示在极坐标上。

步骤 4 补充必要的特征点(如与坐标轴的交点),根据 $A(\omega)$、$\varphi(\omega)$ 的变化趋势,画出奈奎斯特图的大致形状。

例 4.4 某系统的开环传递函数为

$$G(s)H(s)=\frac{k}{(T_1s+1)(T_2s+1)(T_3s+1)}$$

试绘制其开环奈奎斯特图。

解 开环频率特性为

$$G(j\omega)H(j\omega)=\frac{k}{(j\omega T_1+1)(j\omega T_2+1)(j\omega T_3+1)}$$

幅频特性为

$$A(\omega)=\frac{k}{\sqrt{1+(\omega T_1)^2}\sqrt{1+(\omega T_2)^2}\sqrt{1+(\omega T_3)^2}}$$

相频特性为

$$\varphi(\omega) = -\arctan\omega T_1 - \arctan\omega T_2 - \arctan\omega T_3$$

$$G(\mathrm{j}0)H(\mathrm{j}0) = k\angle 0°$$

$$G(\mathrm{j}\infty)H(\mathrm{j}\infty) = 0\angle -270°$$

显然，$G(\mathrm{j}\omega)H(\mathrm{j}\omega)$ 的端点始于正实轴上的 $(k,\mathrm{j}0)$ 点，顺时针方向从第四象限跨越第三象限到第二象限，且在高频时，曲线与虚轴相切，终点为原点，如图 4.26 所示。

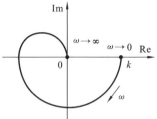

例 4.5　某系统的开环传递函数为

$$G(s)H(s) = \frac{k}{s(Ts+1)}$$

试绘制其开环奈奎斯特图。

图 4.26　例 4.4 系统开环传递函数的奈奎斯特图

解　开环频率特性为

$$G(\mathrm{j}\omega)H(\mathrm{j}\omega) = \frac{k}{\mathrm{j}\omega(\mathrm{j}\omega T+1)}$$

$$= -\frac{kT}{1+(\omega T)^2} - \mathrm{j}\frac{k}{\omega(1+(\omega T)^2)}$$

幅频特性为

$$A(\omega) = \frac{k}{\omega\sqrt{1+(\omega T)^2}}$$

相频特性为

$$\varphi(\omega) = -90° - \arctan\omega T$$

$$G(\mathrm{j}0)H(\mathrm{j}0) = -\infty\angle -90°$$

$$G(\mathrm{j}\infty)H(\mathrm{j}\infty) = 0\angle -180°$$

注意到

$$\lim_{\omega\to 0}\mathrm{Re}[G(\mathrm{j}\omega)H(\mathrm{j}\omega)] = \lim_{\omega\to 0}\left(-\frac{kT}{1+(\omega T)^2}\right) = -kT$$

$$\lim_{\omega\to 0}\mathrm{Im}[G(\mathrm{j}\omega)H(\mathrm{j}\omega)] = \lim_{\omega\to 0}\left[-\frac{k}{\omega(1+(\omega T)^2)}\right] = -\infty$$

故在低频段，奈奎斯特曲线将沿一条渐近线趋于无穷远处，这条渐近线经过 $(-kT,\mathrm{j}0)$ 点，平行于虚轴，如图 4.27 所示。

2. 奈奎斯特图的一般形状

考虑线性定常系统的开环传递函数频率特性为

$$G(\mathrm{j}\omega)H(\mathrm{j}\omega) = \frac{K(1+\mathrm{j}\omega\tau_1)(1+\mathrm{j}\omega\tau_2)\cdots(1+\mathrm{j}\omega\tau_m)}{(\mathrm{j}\omega)^r(1+\mathrm{j}\omega T_1)(1+\mathrm{j}\omega T_2)\cdots(1+\mathrm{j}\omega T_{n-r})}, \qquad n\geqslant m \quad (4\text{-}23)$$

根据系统类型，其频率特性曲线分别叙述如下。

1）0 型系统（$r=0$）

由式(4-23)可知，当 $r=0$ 时，系统开环传递函数不含积分环节，故

$$G(\mathrm{j}0)H(\mathrm{j}0) = k\angle 0°$$

奈奎斯特图始于正实轴,且起点处奈奎斯特图的切线和正实轴垂直。

$$G(j\infty)H(j\infty)=0\angle-(n-m)90°$$

奈奎斯特图趋于原点。

图 4.28 为 $m=0$ 时的奈奎斯特图一般规律。

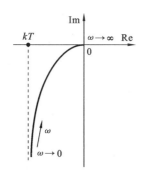

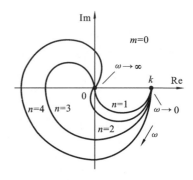

图 4.27 例 4.5 系统开环传递函数的奈奎斯特图   **图 4.28 0 型系统奈奎斯特图的一般形状**

若 $m\neq0$,则曲线会有拐弯。

例 4.6 某系统的开环传递函数为

$$G(s)H(s)=\frac{k(\tau s+1)}{(T_1s+1)(T_2s+1)}$$

试概略绘制其开环传递函数奈奎斯特图。

解
$$\begin{cases}G(j0)H(j0)=k\angle0°\\G(j\infty)H(j\infty)=0\angle-90°\end{cases}$$

其奈奎斯特图如图 4.29 所示。

2）Ⅰ型系统$(r=1)$

系统开环传递函数含有一个积分环节,故

$$G(j0)H(j0)=\infty\angle-90°$$

其奈奎斯特图始于负虚轴平行方向无穷远处。

$$G(j\infty)H(j\infty)=0\angle-(n-m)90°$$

奈奎斯特图趋于原点。

图 4.30 所示为 $m=0$ 时的奈奎斯特图一般规律。

若 $m\neq0$,则曲线会拐弯。

3）Ⅱ型系统$(r=2)$

系统开环传递函数含有两个积分环节,故

$$G(j0)H(j0)=\infty\angle-180°$$

奈奎斯特图始于负虚轴平行方向无穷远处。

$$G(j\infty)H(j\infty)=0\angle-(n-m)90°$$

奈奎斯特图趋于原点。

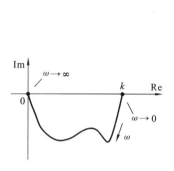 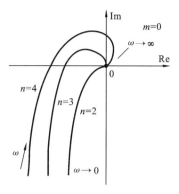

图 4.29　例 4.6 系统开环传递函数的奈奎斯特图　　**图 4.30　Ⅰ型系统奈奎斯特图的一般形状**

图 4.31 所示为 $m=0$ 时的奈奎斯特图一般规律。

若 $m\neq0$,则曲线会拐弯。

例 4.7　某系统的开环传递函数为

$$G(s)H(s)=\frac{k(\tau s+1)}{s^2(T_1s+1)(T_2s+1)}$$

试绘制开环传递函数奈奎斯特图。

解　该系统为Ⅱ型系统,且有一个零点。

又

$$G(\mathrm{j}0)H(\mathrm{j}0)=\infty\angle-180°$$

$$G(\mathrm{j}\infty)H(\mathrm{j}\infty)=0\angle-270°$$

故其奈奎斯特图如图 4.32 所示。

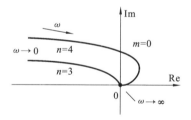 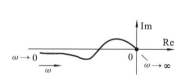

图 4.31　Ⅱ型系统奈奎斯特图的一般形状　　**图4.32　例 4.7 系统开环传递函数的奈奎斯特图**

4.3.3　系统开环传递函数伯德图的绘制

考虑系统开环幅频、相频特性可表达为式(4-21)、式(4-22)的形式,因此其对数幅频、相频特性表示如下。

对数幅频特性为

$$L(\omega)=20\lg A_1(\omega)+20\lg A_2(\omega)+\cdots+20\lg A_n(\omega)$$

$$=L_1(\omega)+L_2(\omega)+\cdots+L_n(\omega)\tag{4-24}$$

对数相频特性为

$$\varphi(\omega)=\varphi_1(\omega)+\varphi_2(\omega)+\cdots+\varphi_n(\omega)$$

若 $L_i(\omega)$、$\varphi_i(\omega)$($i=1,2,\cdots,n$)分别为典型环节的对数幅频和对数相频特性,则可将各典型环节的对数幅频和对数相频特性的纵坐标值进行叠加,从而得到系统开环传递函数的对数频率特性图(伯德图)。

例 4.8 某系统的开环传递函数为

$$G(s)=\frac{1000(0.5s+1)}{s(2s+1)(s^2+10s+100)}$$

试绘制系统的开环传递函数的伯德图。

解 将开环传递函数写成如下形式,可以看到包含 5 个典型环节。

$$G(s)=10\,\frac{1}{s}\,\frac{1}{2s+1}(0.5s+1)\frac{1}{0.01s^2+0.1s+1}$$

(1)比例环节为

$$G_1(s)=10$$

(2)积分环节为

$$G_2(s)=\frac{1}{s}$$

(3)惯性环节为

$$G_3(s)=\frac{1}{2s+1}$$

转折频率为

$$\omega_3=0.5$$

(4)微分环节为

$$G_4(s)=0.5s+1$$

转折频率为

$$\omega_4=2$$

(5)振荡环节为

$$G_5(s)=\frac{1}{0.01s^2+0.1s+1}$$

转折频率为

$$\omega_5=10$$

故

$$L_1(\omega)=20\log10=20$$

$$\varphi_1(\omega)=0°$$

$$L_2(\omega)=-20\log\omega$$

$$\varphi_2(\omega)=-90°$$

$$L_3(\omega) = -20\log\sqrt{1+4\omega^2}$$

$$\varphi_3(\omega) = -\arctan 2\omega$$

$$L_4(\omega) = 20\log\sqrt{1+0.25\omega^2}$$

$$\varphi_4(\omega) = \arctan 0.5\omega$$

$$L_5(\omega) = -20\log\sqrt{(1-0.01\omega^2)^2 + (0.1\omega)^2}$$

$$\varphi_5(\omega) = -\arctan\frac{0.1\omega}{1-0.01\omega^2}$$

伯德图的绘制过程如下。

（1）将各典型环节的对数幅频分别描绘在如图 4.33 所示的对数坐标上。图中，L_1、L_2、L_3、L_4、L_5 分别为 5 个环节的对数幅频渐近线（用虚线表示）。

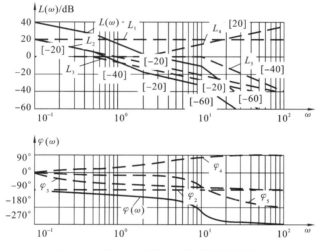

图 4.33　例 4.8 系统开环传递函数伯德图

（2）在对数幅频坐标上，将 L_2、L_3、L_4、L_5 进行叠加。

对于对数幅频特性的叠加，在低频段，先以积分环节为基础，在每个转折频率处，改变渐近线的斜率。如果是惯性环节，斜率改变 -20 dB/dec；如果是振荡环节，斜率改变 -40 dB/dec；如果是一阶微分环节，斜率改变 20 dB/dec；如果是二阶微分环节，斜率改变 40 dB/dec。

叠加后折线如图 4.33 中细实线所示。

（3）由于比例环节的对数幅频特性为定值，其叠加作用是让对数幅频曲线向上或向下平移。本例中 $L_1(\omega) = 20$ dB，故将叠加后折线整体向上平移 20 dB，如图4.33 中粗实线所示。

（4）将各典型环节的相频特性分别描绘在如图 4.33 所示的对数坐标上。图中，φ_1、φ_2、φ_3、φ_4、φ_5 则分别为 5 个环节的对数相频特性图（用虚线表示）。

（5）将 φ_1、φ_2、φ_3、φ_4、φ_5 代数相加，并用光滑的曲线描绘，即可得到完整的相频特

性曲线 $\varphi(\omega)$。如图 4.33 中粗实线所示。

伯德图的特点如下。

低频段幅频特性曲线的斜率取决于积分环节的数目 r，斜率为 $-20r$ dB/dec。

对数幅频特性的渐近线每经过一个转折，幅频特性用渐近线表示，故对数幅频特性为一系列折线，折线的转折点为各环节的转折频率，其斜率相应发生变化，斜率变化量由当前转折频率对应的环节决定。

4.3.4　传递函数的实验确定法

微信扫一扫

1. 系统辨识

在分析设计系统时，首先要建立系统的数学模型。求取环节或系统传递函数、频率特性时，通常可以采用各种学科领域提出的定理推演出来。但是实际系统是复杂的，有些系统由于人们对其结构、参数及其支配运动的机理不很了解，常常难于从理论上导出系统的数学模型。因此需要借助于实验的办法来求系统的传递函数、频率特性或系统参数，即利用输入与输出信号来求取系统的频率特性或进行参数估计。这种在测量和分析输入、输出信号的基础上，确定一个能表征所测系统数学模型的方法，即是所谓系统辨识（system identification）。系统辨识已发展成一门越来越受重视的专门学科。

用实验的方法辨识系统的传递函数，通常是施加一定的激励信号，测出系统的响应，借助计算机进行数据处理从而辨识系统；或者根据实测的系统伯德图，用渐近线来确定频率特性的有关参数，从而对系统的传递函数做出粗略的估计。如图 4.34 所示。

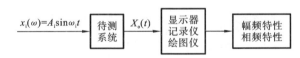

图 4.34　频率特性实验法系统框图

从频率特性的基本概念出发，给系统输入等幅变频的正弦信号 $A\sin\omega_j t$，测出系统相应的输出 $B_j(\omega)\sin(\omega_j t + \varphi_j)$，则可求出系统的幅频特性和相频特性为

$$|G(\mathrm{j}\omega)| = \frac{B_j(\omega)}{A}$$

$$\angle G(\mathrm{j}\omega) = \varphi_j(\omega)$$

2. 由伯德图求系统的传递函数的步骤

步骤 1　确定对数幅频特性的渐近线。用斜率为 0 dB/dec、± 20 dB/dec、± 40 dB/dec 的直线逼近实验曲线，如图 4.35 所示。

步骤 2　根据低频段（小于第一个转折频率的频段）渐近线的斜率，确定系统包含的积分环节的个数。图 4.35 所示低频段渐近线的斜率为 -20 dB/dec，故为 Ⅰ 型

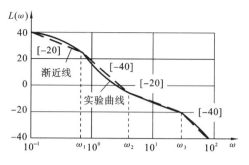

图 4.35　实验曲线与渐近线

系统,包含一个积分环节。若渐近线的斜率为 -40 dB/dec,则为 II 型系统;若低频渐近线的斜率为 0,则为 0 型系统。

　　步骤 3　从渐近线低频段开始,随着频率的增加,每遇转折频率,依据渐近线频率的变化,写出对应的环节。

　　如果在 $\omega = \omega_1$ 时,斜率由 -20 dB/dec 变化到 -40 dB/dec,即斜率变化了 -20 dB/dec,那么传递函数中必然包含一个一阶惯性环节 $\dfrac{1}{1+\mathrm{j}(\omega/\omega_1)}$(见图 4.35)。

　　如果在转折频率 $\omega = \omega_2$ 处,斜率由 -20 dB/dec 变化到 -60 dB/dec,即斜率变化了 -40 dB/dec,那么传递函数中必然包含一个二阶振荡环节 $\dfrac{1}{1+\mathrm{j}2\xi(\omega/\omega_1)+(\mathrm{j}\omega/\omega_2)^2}$,其阻尼比 ξ 由实验曲线在转折频率 ω_2 附近的谐振幅值确定。

　　同理,如果在转折频率处,斜率变化了 20 dB/dec 或 40 dB/dec,则系统分别将包含一个一阶微分环节或二阶微分环节。

　　步骤 4　确定系统增益。

　　注意到系统低频段渐近线可近似为

$$L(\omega)=20\lg k-20r\lg\omega \tag{4-25}$$

　　不管是一阶或二阶环节,其低频渐近线都为 0 dB,故:低频渐近线的斜率由积分环节的数目来确定,而其位置(在幅频特性图的上、下位置)则由增益决定。

　　1)0 型系统($r=0$)

　　由式(4-25)可得 0 型系统低频渐近线近似为

$$L(\omega)=20\lg k$$

　　因此,低频渐近线为水平直线,其位置取决于开环增益,如图 4.36 所示。

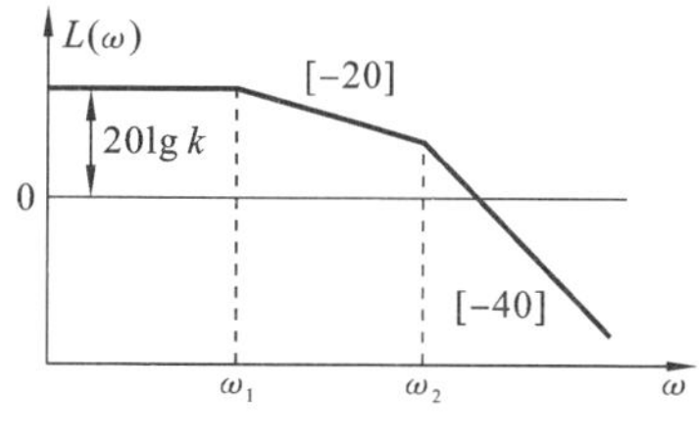

　　2)I 型系统($r=1$)

　　由式(4-25)可得 I 型系统低频渐近线近似为

$$L(\omega)=20\lg k-20\lg\omega$$

　　显然,此时的低频渐近线的斜率为 -20 dB/dec,当 $L(\omega)=0$ 时,低频渐近线(或

图 4.36　0 型系统对数幅频特性

延长线)与 0 dB 线相交,交点处的频率 ω 在数值上等于 k,如图 4.37 所示。

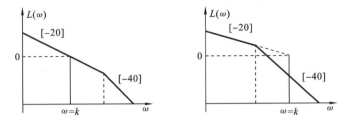

图 4.37　Ⅰ型系统对数幅频特性

3）Ⅱ型系统($r=2$)

由式(4-25)可得Ⅱ型系统低频渐近线近似为

$$L(\omega)=20\lg k-20\times2\times\lg\omega$$

显然,此时的低频渐近线的斜率为 -40 dB/dec,当 $L(\omega)=0$ 时,有

$$20\lg k-20\times2\times\lg\omega=0$$

此时

$$\omega=\sqrt{k}$$

低频渐近线(或延长线)与 0 dB 线相交,交点处的频率 ω 在数值上等于 $\sqrt{k}$,如图 4.38 所示。

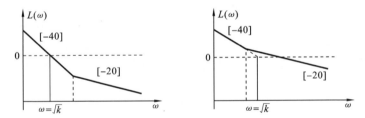

图 4.38　Ⅱ型系统对数幅频特性

例 4.9　最小相位系统的开环近似对数幅频特性曲线如图 4.39 所示,求系统的开环传递函数。

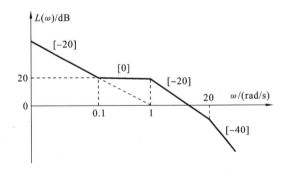

图 4.39　例 4.9 图

解　系统低频段斜率为-20 dB/dec，$r=1$，为 I 型系统。

注意到积分环节的延长线必交$(1,0)$点，故$k=1$。

在$\omega_1=0.1$处，渐近线变为水平线，故ω_1对应的应是一阶微分环节的转折频率，其传递函数为$10s+1$。

此外，系统存在另两个转折频率：1 和 20 rad/s，其斜率变化都为-20 dB/dec，故所对应的典型环节应为惯性环节，分别为

$$\frac{1}{s+1}$$

$$\frac{1}{0.05s+1}$$

故系统开环传递函数为

$$G(s)H(s)=1\times\frac{1}{s}\times(10s+1)\times\frac{1}{s+1}\times\frac{1}{0.05s+1}$$

即

$$G(s)H(s)=\frac{10s+1}{s(s+1)(0.05s+1)}$$

例 4.10　根据图 4.40 所示的开环系统对数幅频特性，求其开环传递函数。

解　系统低频段斜率为-40 dB/dec，$r=2$，故可判断该系统为 II 型系统。

当$\omega=1$时，$L(1)=40$ dB，即

$$20\lg k-20\times2\times\lg1=40$$

则

$$k=100$$

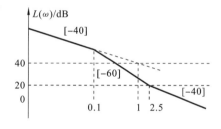

图 4.40　例 4.10 图

在$\omega_1=0.1$处，渐近线斜率由-40 dB/dec 变化到-60 dB/dec，即斜率变化了-20 dB/dec，故系统必包含一个惯性环节，即

$$\frac{1}{10s+1}$$

在$\omega_2=2.5$处，渐近线斜率由-60 dB/dec 变化到-40 dB/dec，即斜率变化了 20 dB/dec，故系统必包含一个一阶微分环节，即

$$4s+1$$

故系统的开环传递函数为

$$G(s)H(s)=100\times\frac{1}{s^2}\times(4s+1)\times\frac{1}{10s+1}$$

即

$$G_k(s)=\frac{100(0.4s+1)}{s^2(10s+1)}$$

4.4 系统稳定性的频域分析

4.4.1 奈奎斯特稳定性判据

闭环系统稳定的充要条件是：所有的闭环极点位于 s 平面的左半平面，或者说特征方程的根必须有负实部。奈奎斯特稳定性判据（简称奈氏判据）是根据系统稳定的充分必要条件导出的一种判定方法，它不必求解闭环特征根，而是利用系统开环频率特性判断对应闭环系统的稳定性，同时还可以得知系统的相对稳定性及改善系统稳定性的途径，因此奈氏判据在控制工程中得到广泛应用。

1. 系统开环、闭环传递函数及其关系

图 4.41 所示系统的系统开环传递函数为

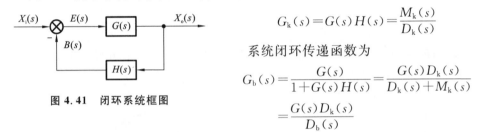

图 4.41 闭环系统框图

$$G_k(s) = G(s)H(s) = \frac{M_k(s)}{D_k(s)}$$

系统闭环传递函数为

$$G_b(s) = \frac{G(s)}{1 + G(s)H(s)} = \frac{G(s)D_k(s)}{D_k(s) + M_k(s)}$$

$$= \frac{G(s)D_k(s)}{D_b(s)}$$

一般系统的传递函数分母的 s 阶次总是大于分子阶次的，因此，开环特征多项式与闭环特征多项式的阶次相同，即闭环极点数与开环极点数相同。

2. 辅助特征向量

定义

$$F(s) = 1 + G(s)H(s) = \frac{D_k(s) + M_k(s)}{D_k(s)} = \frac{D_b(s)}{D_k(s)} \tag{4-26}$$

可见，特征向量 $F(s)$ 是闭环特征多项式与开环特征多项式之比，$F(s)$ 的零点就是闭环极点，$F(s)$ 的极点则是开环极点。

由于

$$F(s) = 1 + G(s)H(s)$$

则

$$F(j\omega) = 1 + G(j\omega)H(j\omega)$$

或

$$G(j\omega)H(j\omega) = F(j\omega) - 1 \tag{4-27}$$

开环频率特性与 $F(j\omega)$ 的简单关系：仅实部相差实数 1。

3. 奈奎斯特稳定性判据

对于 n 阶线性控制系统，由式(4-26)可将特征辅助函数表示为

$$F(\mathrm{j}\omega) = A(\omega)\mathrm{e}^{\mathrm{j}\varphi(\omega)} = \frac{D_{\mathrm{b}}(\mathrm{j}\omega)}{D_{\mathrm{k}}(\mathrm{j}\omega)}$$

$$= \frac{k(\mathrm{j}\omega + z_1)(\mathrm{j}\omega + z_2)\cdots(\mathrm{j}\omega + z_n)}{(\mathrm{j}\omega + w_1)(\mathrm{j}\omega + w_2)\cdots(\mathrm{j}\omega + w_n)} \tag{4-28}$$

式中：$z_i = \sigma_{zi} + \mathrm{j}\omega_{zi}(i=1,2,\cdots,n)$ 为函数 $F(s)$ 的零点，$\omega_{zi} = 0$ 时为实数零点；

$w_k = \sigma_{wk} + \mathrm{j}\omega_{wk}(k=1,2,\cdots,n)$ 为函数 $F(s)$ 的极点，$\omega_{uk} = 0$ 时为实数极点。

根据式(4-28)可知：$F(\mathrm{j}\omega)$ 在 $F(\mathrm{j}\omega)$ 平面上的相角(相频特性)随 ω 变化的关系为

$$\varphi(\omega) = \varphi_{\mathrm{b}}(\omega) - \varphi_{\mathrm{k}}(\omega)$$

$$= \sum_{i=1}^{n} \arctan \frac{\omega + \omega_{zi}}{\sigma_{zi}} - \sum_{k=1}^{n} \arctan \frac{\omega + \omega_{wk}}{\sigma_{wk}} \tag{4-29}$$

由此可见，函数 $F(\mathrm{j}\omega)$ 在 $F(\mathrm{j}\omega)$ 平面上的极坐标曲线的形状及绕向与 $F(s)$ 的零点和极点分布密切相关。若 $F(s)$ 的零点位于 s 平面的左侧($-\sigma_{zi} < 0$)或者右侧($-\sigma_{zi} > 0$)，则频率 ω 的变化 $\omega \to \pm\infty$ 时有

$$\lim_{\omega \to +\infty}\left[\arctan\left(\frac{\omega + \omega_{zi}}{\sigma_{zi}}\right)\right] = \begin{cases} \dfrac{\pi}{2}, & -\sigma_{zi} < 0 \\[2mm] -\dfrac{\pi}{2}, & -\sigma_{zi} > 0 \end{cases} \tag{4-30}$$

$$\lim_{\omega \to -\infty}\left[\arctan\left(\frac{\omega + \omega_{zi}}{\sigma_{zi}}\right)\right] = \begin{cases} -\dfrac{\pi}{2}, & -\sigma_{zi} < 0 \\[2mm] \dfrac{\pi}{2}, & -\sigma_{zi} > 0 \end{cases} \tag{4-31}$$

图 4.42 说明了 $F(s)$ 实数零点的相角变化情况：当 $\sigma_{zi} > 0$(左零点)时，若 $\omega \to \infty$，则其相角变化为 90°(图中实线)；当 $\sigma_{zi} < 0$(右零点)时，若 $\omega \to \infty$，则其相角变化为 $-90°$(图中虚线)。若为共轭复数零点，同理可分析其相角变化规律。

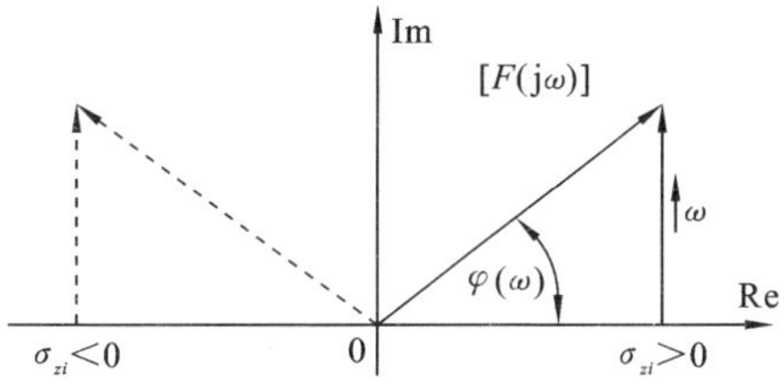

图 4.42　$F(s)$ 零点的相角变化

若 $F(s)$ 位于 s 平面的右侧存在 q 个零点，其余 $n-q$ 个零点位于 s 平面的左侧，由式(4-30)、式(4-31)得

$$\varphi_{\mathrm{b}}(+\infty) = \sum_{i=1}^{q} \lim_{\omega \to +\infty}\left[\arctan\left(\frac{\omega + \omega_{zi}}{\sigma_{zi}}\right)\right]_{-\sigma_{zi} > 0} + \sum_{i=q+1}^{n} \lim_{\omega \to +\infty}\left[\arctan\left(\frac{\omega + \omega_{zi}}{\sigma_{zi}}\right)\right]_{-\sigma_{zi} < 0}$$

$$= q\left(-\frac{\pi}{2}\right) + (n-q)\frac{\pi}{2} = (n-2q)\frac{\pi}{2} \tag{4-32}$$

$$\varphi_{\mathrm{b}}(-\infty) = \sum_{i=1}^{q} \lim_{\omega \to -\infty}\left[\arctan\left(\frac{\omega + \omega_{zi}}{\sigma_{zi}}\right)\right]_{-\sigma_{zi} > 0} + \sum_{i=q+1}^{n} \lim_{\omega \to -\infty}\left[\arctan\left(\frac{\omega + \omega_{zi}}{\sigma_{zi}}\right)\right]_{-\sigma_{zi} < 0}$$

$$= q\frac{\pi}{2} + (n-q)\left(-\frac{\pi}{2}\right) = -(n-2q)\frac{\pi}{2} \tag{4-33}$$

若 $F(s)$ 位于 s 平面的右侧存在 p 个极点,其余 $n-p$ 个极点位于 s 平面的左侧,同理可得

$$\varphi_k(+\infty) = \sum_{k=1}^{p} \lim_{\omega \to +\infty} \left[\arctan\left(\frac{\omega + \omega_{uk}}{\sigma_{uk}}\right) \right]_{-\sigma_{yk}>0} + \sum_{k=p+1}^{n} \lim_{\omega \to +\infty} \left[\arctan\left(\frac{\omega + \omega_{uk}}{\sigma_{uk}}\right) \right]_{-\sigma_{uk}<0}$$

$$= p\left(-\frac{\pi}{2}\right) + (n-p)\frac{\pi}{2} = (n-2p)\frac{\pi}{2} \qquad (4\text{-}34)$$

$$\varphi_k(-\infty) = \sum_{k=1}^{p} \lim_{\omega \to -\infty} \left[\arctan\left(\frac{\omega + \omega_{yk}}{\sigma_{yk}}\right) \right]_{-\sigma_{yk}>0} + \sum_{k=p+1}^{n} \lim_{\omega \to -\infty} \left[\arctan\left(\frac{\omega + \omega_{yk}}{\sigma_{yk}}\right) \right]_{-\sigma_{yk}<0}$$

$$= p\frac{\pi}{2} + (n-p)\left(-\frac{\pi}{2}\right) = -(n-2p)\frac{\pi}{2} \qquad (4\text{-}35)$$

当频率 ω 从 $-\infty \to +\infty$ 变化时,函数 $F(j\omega)$ 在 $F(j\omega)$ 平面上其相角变化为闭环特征矢量相角变化 $\Delta\varphi[D_b(j\omega)]$ 与开环特征矢量相角变化 $\Delta\varphi[D_k(j\omega)]$ 之差,即

$$\Delta\varphi[F(j\omega)] = \Delta\varphi[D_b(j\omega)] - \Delta\varphi[D_k(j\omega)] \qquad (4\text{-}36)$$

设系统位于 s 平面的右半平面存在 q 个闭环极点和 p 个开环极点,当频率 ω 从 $-\infty \to +\infty$ 变化时,系统的闭环特征矢量的相角变化为

$$\Delta\varphi[D_b(j\omega)] = \varphi_b(+\infty) - \varphi_b(-\infty) = (n-2q)\pi \qquad (4\text{-}37)$$

开环特征矢量的相角变化

$$\Delta\varphi[D_k(j\omega)] = \varphi_k(+\infty) - \varphi_k(-\infty) = (n-2p)\pi \qquad (4\text{-}38)$$

所以,函数 $F(j\omega)$ 在 $F(j\omega)$ 平面上当频率 ω 从 $-\infty \to +\infty$ 变化时,其相角变化量为

$$\Delta\varphi[F(j\omega)] = (p-q) \times 2\pi = 2\pi N \qquad (4\text{-}39)$$

式中:

$$N = p - q \qquad (4\text{-}40)$$

式(4-40)表明,当频率 ω 从 $-\infty \to +\infty$ 变化时,极坐标曲线 $F(j\omega)$ 在 $F(j\omega)$ 平面上逆时针方向绕其坐标原点 $N = p - q$ 圈。

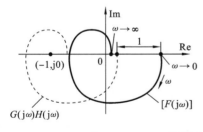

由式(4-27)可知,$F(j\omega)$ 与 $G(j\omega)H(j\omega)$ 只差一个常数"1",因此,复平面 $F(j\omega)$ 上的坐标原点映射到复平面 $G(j\omega)H(j\omega)$ 上就是 $(-1,j0)$ 点,参见图 4.43。

故式(4-40)的意义又表示为:当频率 ω 从 $-\infty \to +\infty$ 变化时,开环极坐标曲线 $G(j\omega)H(j\omega)$ 在复平面 $G(j\omega)H(j\omega)$ 上逆时针方向绕 $(-1,j0)$ 点 $N = p - q$ 圈。

图 4.43 $F(j\omega)$ 与 $G(j\omega)H(j\omega)$ 的关系

稳定性判据:如果系统开环传递函数在 s 复平面的右半平面具有 p 个极点,ω 从 $-\infty \to +\infty$ 变化时所对应的开环频率特性的极坐标曲线 $G(j\omega)H(j\omega)$ 逆时针方向绕 $(-1,j0)$ 点的圈数为 N,那么,系统闭环稳定的充分必要条件是

$$N = p$$

下面根据系统开环传递函数的情况分别讨论。

1）开环稳定

若系统开环稳定,则 $D_k(s)=0$ 的根全部具有负实部,即

$$p=0$$

由式(4-38),有

$$\Delta\varphi\left[D_k(\mathrm{j}\omega)\right]=n\pi$$

由式(4-37),系统若要闭环稳定,则

$$\Delta\varphi\left[D_b(\mathrm{j}\omega)\right]=n\pi$$

故

$$\Delta\varphi[F(\mathrm{j}\omega)]=\Delta\varphi\left[D_b(\mathrm{j}\omega)\right]-\Delta\varphi\left[D_k(\mathrm{j}\omega)\right]=0°$$

说明 $F(\mathrm{j}\omega)$ 不包围原点,也即 $G(\mathrm{j}\omega)H(\mathrm{j}\omega)$ 不包围 $(-1,\mathrm{j}0)$ 点。

稳定性判据又可表述为:如果系统开环稳定,则 $D_k(s)=0$ 的根全部具有负实部,那么,系统闭环稳定的充分必要条件是:$G(\mathrm{j}\omega)H(\mathrm{j}\omega)$ 不包围 $(-1,\mathrm{j}0)$ 点。

2）系统开环不稳定

若系统开环不稳定,$D_k(s)=0$ 有右根 p 个,则

$$\Delta\varphi[D_k(\mathrm{j}\omega)]=(n-2p)\pi$$

系统若要闭环稳定,则

$$\Delta\varphi[D_b(\mathrm{j}\omega)]=n\pi$$

故

$$\Delta\varphi[F(\mathrm{j}\omega)]=\Delta\varphi[D_b(\mathrm{j}\omega)]-\Delta\varphi[D_k(\mathrm{j}\omega)]=2p\pi$$

说明 $F(\mathrm{j}\omega)$ 包围原点 p 圈,也即 $G(\mathrm{j}\omega)H(\mathrm{j}\omega)$ 包围 $(-1,\mathrm{j}0)$ 点 p 圈。

稳定性判据又可表述为:如果系统开环不稳定,$D_k(s)=0$ 有右根 p 个,那么,系统闭环稳定的充分必要条件是:$G(\mathrm{j}\omega)H(\mathrm{j}\omega)$ 正向包围 $(-1,\mathrm{j}0)$ 点 p 圈。

值得注意的是,在绘制系统开环奈奎斯特图时,为简便起见,习惯上取频率 ω 的变化范围为 $\omega=0\rightarrow+\infty$,此时,其奈奎斯特图如图 4.44 中的实线所示。当 ω 的变化范围为 $\omega=-\infty\rightarrow0$ 时,其奈奎斯特图如图 4.44 中的虚线所示。从图中可以看出,实线与虚线是关于实轴对称的。

因此,稳定性判据可表述为:如果系统开环传递函数在 s 复平面的右半平面具有 p 个极点,ω 从 $0\rightarrow+\infty$ 变化时所对应的开环频率特性的极坐标曲线 $G(\mathrm{j}\omega)H(\mathrm{j}\omega)$ 逆时针方向绕 $(-1,\mathrm{j}0)$ 点的圈数为 N,那么,系统闭环稳定的充分必要条件是:$N=p/2$。

例 4.11　某系统的开环传递函数的频率特性如图 4.45 所示,其中,p 为右极点数。试分析其稳定性。

解　奈奎斯特图逆时针方向包围 $(-1,\mathrm{j}0)$ 点一圈,即

$$N=1$$

由于系统有 2 个右极点,即 $p=2$,且奈奎斯特图频率 ω 的取值范围为 $0\rightarrow+\infty$,显然 $N=p/2$,所以系统闭环稳定。

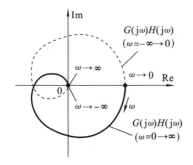

图 4.44 $G(j\omega)H(j\omega)$ 的奈奎斯特图

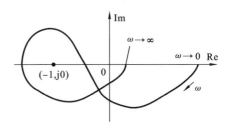

图 4.45 例 4.11 开环传递函数
的奈奎斯特图

3）开环含有积分环节时奈奎斯特判据的处理

对于包含积分环节的开环系统,由于奈奎斯特曲线当 $\omega=0$ 时,其起点在无穷远处,不与实轴封闭(参见图 4.46 中实线),因此,奈奎斯特曲线对 $(-1,j0)$ 包围的情况不易判断。为此,可用辅助线的方法对其处理,具体方法如下。

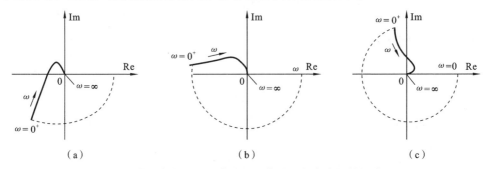

图 4.46 绘制含有积分环节的开环传递函数奈奎斯特图的处理

(a) Ⅰ型系统 (b) Ⅱ型系统 (c) Ⅲ型系统

按常规方法作出 ω 由 $0^+ \to \infty$ 变化时的奈奎斯特曲线,再考虑 ω 由 $0 \to 0^+$ 变化时的轨迹。从 $G(j0)$ 开始(正实轴),以 ∞ 为半径顺时针方向补画 $v\times 90°$ 的圆弧(v 为积分环节的个数),此圆弧即辅助线,表示 ω 由 $0 \to 0^+$ 时的奈奎斯特曲线的变化。这样就可得到完整的奈奎斯特曲线,如图 4.46 中虚线所示。

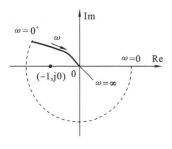

图 4.47 例 4.12 开环传递函数
的奈奎斯特图

这样就能很容易看出图中曲线是否包围 $(-1,j0)$。

例 4.12 根据系统的开环传递函数及奈奎斯特图(见图 4.47)判断系统的稳定性。

$$G(s)H(s)=\frac{k}{s^2(Ts+1)}$$

解 由系统的开环传递函数知,当 $T>0$ 时,系统开环稳定,无右极点,即

$$p=0$$

画辅助圆(见图 4.47 中虚线)。

显然，$G(j\omega)$ 顺时针方向包围 $(-1,j0)$ 点 1 圈，即

$$N=-1$$

故系统闭环不稳定。

4. 奈奎斯特判据中"穿越"的概念

在确定奈奎斯特图对 $(-1,j0)$ 包围的情况时，若情况较为复杂(见图 4.48)，则不易清晰看出奈奎斯特图包围 $(-1,j0)$ 的圈数，为此引出"穿越"的概念。

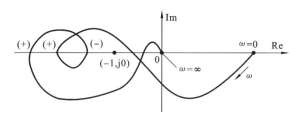

图 4.48　奈奎斯特图的穿越

穿越：指开环奈奎斯特图穿过 $(-1,j0)$ 点左边实轴时的情况。

(1) 正穿越：ω 增大时，奈奎斯特图由上而下穿过 $-1\sim-\infty$ 段实轴。正穿越时，相角增加，相当于奈奎斯特图正向包围 $(-1,j0)$ 点一圈。正穿越次数用 N_+ 表示。

(2) 负穿越：ω 增大时，奈奎斯特图由下而上穿过 $-1\sim-\infty$ 段实轴。负穿越时，相角减小，相当于奈奎斯特图反向包围 $(-1,j0)$ 点一圈。负穿越次数用 N_- 表示。

奈奎斯特稳定判据：当 ω 由 0 变化到 ∞ 时，奈奎斯特图在 $(-1,j0)$ 点左边实轴上的正、负穿越次数之差等于 $p/2$ 时(p 为系统开环右极点数)，即：$N_+-N_-=p/2$ 时，系统闭环稳定，否则，系统闭环不稳定。

图 4.48 中，奈奎斯特图在 $(-1,j0)$ 点左边实轴的穿越情况是：$N_+=1$，$N_-=2$。$N_+-N_-=1-2=-1$，因此，无论系统开环传递函数是否有右极点，系统闭环也不稳定。

(3) 若奈奎斯特图起于或止于 $-1\sim-\infty$ 段实轴，则称"半次穿越"。

例 4.13　设某系统的开环传递函数为 $G(s)H(s)=\dfrac{k}{Ts-1}$，其中 $T>0$。试绘制其开环奈奎斯特图，并分析系统的稳定性。

解　由系统的开环传递函数知，当 $T>0$ 时，系统开环有 1 个右极点，即 $p=1$。

$$G(j\omega)H(j\omega)=\frac{k}{j\omega T-1}=-\frac{k}{(\omega T)^2+1}-j\frac{\omega Tk}{(\omega T)^2+1}$$

$$U(\omega)=-\frac{1}{(\omega T)^2+1}$$

$$V(\omega)=-\frac{\omega T}{(\omega T)^2+1}$$

幅频特性为

$$|G(j\omega)| = \sqrt{[U(\omega)]^2 + [V(\omega)]^2} = \frac{k}{\sqrt{1+(\omega T)^2}}$$

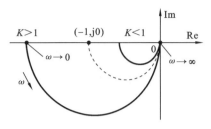

图 4.49 例 4.13 开环传递函数
的奈奎斯特图

相频特性为

$$\angle G(j\omega) = \arctan \frac{V(\omega)}{U(\omega)} = -\arctan(-\omega T)$$

$$G(j0) = k\angle -180°$$

$$G(j\infty) = 0\angle -90°$$

其奈奎斯特图如图 4.49 所示。

（1）若 $k>1$，$N_+ = 1/2$，$N_- = 0$，$N_+ - N_- = 1/2$，由于 $p=1$，且满足 $N_+ - N_- = 1/2 = p/2$，故系统闭环稳定。

（2）若 $k<1$，$N_+ = 0$，$N_- = 0$，$N_+ - N_- = 0$，由于 $p=1$，故系统闭环不稳定。

（3）若 $k=1$，奈奎斯特曲线通过 $(-1,j0)$ 点，系统闭环临界稳定。

4.4.2 伯德稳定性判据

利用开环频率特性的极坐标图（奈奎斯特图）判别对应闭环系统 微信扫一扫
的稳定性的方法是奈奎斯特判据的方法。若将极坐标图改画为对数坐标图（伯德图），也同样可以利用它来判别系统的稳定性，这种方法被称为对数频率特性判据，简称伯德判据，它实质上是奈奎斯特判据的引申。

1. 奈奎斯特图与伯德图的对应关系

（1）奈奎斯特图上的单位圆 $A(\omega) = 1$ 相当于伯德图上的 0 dB 线，如图 4.50 所示。

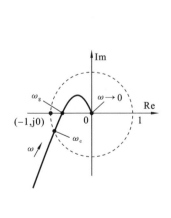
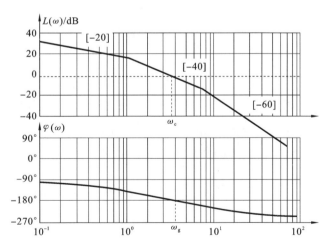

图 4.50 伯德图与奈奎斯特图的对应关系

幅值穿越（或交界）频率：奈奎斯特曲线与单位圆相交处所对应的频率用"ω_c"表示。

在奈奎斯特图上,由于 $A(\omega_c)=1$,故在伯德图上 $L(\omega_c)=20\lg A(\omega_c)=0$,即:在伯德图上,对数幅频特性曲线与 0 dB 线的交点处所对应的频率为幅值穿越频率,或幅值交界频率,有时也称开环截止频率。

(2) 奈奎斯特图上的负实轴相当于伯德图上的 $-180°$线,或$-\pi$线,如图 4.50 所示。

相位穿越(或交界)频率:奈奎斯特曲线与负实轴相交处所对应的频率用"ω_g"表示。

在奈奎斯特图上,由于 $\varphi(\omega_g)=-180°$,故在伯德图上对数相频特性也为 $\varphi(\omega_g)$ $=-180°$,故在伯德图上,对数相频特性曲线与$-180°$线的交点处所对应的频率即为相位穿越频率或相位交界频率。

显然,在极坐标系中,若奈奎斯特图处在单位圆内,则 $A(\omega)<1$,因 $L(\omega)=$ $20\lg A(\omega)$,故 $L(\omega)<0$;若奈奎斯特图处在单位圆外,则 $A(\omega)>1$,因此 $L(\omega)>0$。

2. 伯德图中的穿越

在奈奎斯特图中,要判断其穿越是以奈奎斯特图在负实轴的$(-1,-\infty)$段内的穿越情况作为依据的。显然,在负实轴的$(-1,-\infty)$段内,$A(\omega)>1$(单位圆外),故在伯德图中,则是在 $L(\omega)>0$ 的判断内考虑其穿越情况,如图 4.51 所示。

(1) 正穿越:ω 增大时,对数相频特性曲线由下而上穿过$-\pi$线。正穿越时,相角增加。正穿越次数用 N_+ 表示。

(2) 负穿越:ω 增大时,对数相频特性曲线由上而下穿过$-\pi$线。负穿越时,相角减小。负穿越次数用 N_- 表示。

图 4.51 中,对数相频特性曲线有 1 次正穿越,2 次负穿越。

3. 伯德稳定性判据

在开环传递函数的对数坐标图上的所有 $L(\omega)\geqslant0$ 的频段内($\omega=0\rightarrow\infty$),相频特性曲线穿越$-180°$线的次数——正、负穿越次数之差 $N_+-N_-=p/2$,则闭环系统稳定,否则,系统闭环不稳定。p 为开环右极点数。

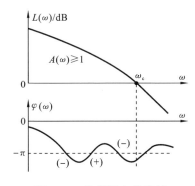

图 4.51 伯德图上的穿越

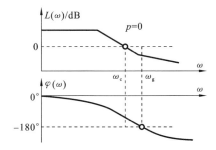

图 4.52 例 4.14 的开环传递函数的伯德图

例 4.14 设某系统的开环传递函数的伯德图如图 4.52 所示,且无右极点。试根据伯德判据判别该系统闭环是否稳定。

解 系统开环稳定,即 $p=0$。

在 $L(\omega) \geqslant 0$ 的频段内,对数相频特性曲线与 $-180°$ 线未相交,即没有穿越,故 $N=0$。

所以,系统闭环稳定。

从图 4.52 可以看出,此时 $\omega_g > \omega_c$,即相位穿越频率大于幅值穿越频率。

若相位穿越频率等于幅值穿越频率,即 $\omega_g = \omega_c$,这种情况则说明系统闭环临界稳定。

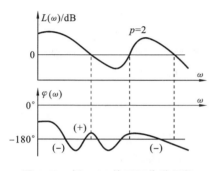

图 4.53 例 4.15 的开环传递函数的伯德图

例 4.15 设某系统的开环传递函数的伯德图如图 4.53 所示,试判别该系统的稳定性。图中,$p=2$,表示系统开环有 2 个右极点。

解 在 $L(\omega) \geqslant 0$ 的频段内(有两段),对数相频特性曲线与 $-180°$ 线的穿越情况如下。

正穿越 1 次, $N_+ = 1$

负穿越 2 次, $N_- = 2$

又 $p=2$

故 $N = N_+ - N_- = -1 \neq p/2$

所以系统闭环不稳定。

4.4.3 控制系统的相对稳定性

用奈奎斯特判据可以判断系统是否稳定,但不能知道稳定性程度如何。

一个实际的控制系统,不仅要求稳定,而且还必须具有一定的稳定性储备,即相对稳定性,只有这样,才不至于在建立数学模型和系统分析计算中某些简化处理或系统的特征参数变化而导致系统不稳定。

所谓相对稳定性是指稳定系统的稳定状态距离不稳定(或临界不稳定)状态的程度。

根据最小相位系统的开环传递函数的频率特性与 $(-1,j0)$ 点的位置情况,系统是否稳定可分为以下三种情况。

(1) 系统闭环稳定:$G(j\omega)H(j\omega)$ 不包围 $(-1,j0)$ 点,如图 4.54 中 $G_1(j\omega)$ 所示。

(2) 系统闭环临界稳定:$G(j\omega)H(j\omega)$ 通过 $(-1,j0)$ 点,如图 4.54 中 $G_2(j\omega)$ 所示。

(3) 系统闭环不稳定:$G(j\omega)H(j\omega)$ 包围

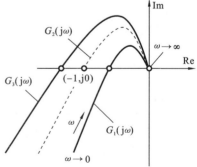

图 4.54 最小相位系统开环频率特性与 $(-1,j0)$ 点的位置情况

$(-1,\mathrm{j}0)$点,如图 4.54 中 $G_3(\mathrm{j}\omega)$ 所示。

因此,对于稳定的系统,可利用奈奎斯特曲线靠近$(-1,\mathrm{j}0)$点的程度来判断系统的相对稳定性,越靠近$(-1,\mathrm{j}0)$点,相对稳定性越差。习惯上用相位裕量(度)和幅值裕量(度)来表征开环传递函数幅相曲线接近临界点的程度,作为系统稳定程度的度量。

1. 相位裕度(量)$\gamma(\omega_c)$

在 ω_c 上,使系统达到不稳定的边缘(临界稳定)所需要附加的滞后角度(相位滞后量)称为相位裕度,也称相位裕量,用 $\gamma(\omega_c)$ 表示,如图 4.55 所示。

$$\gamma(\omega_c)=180°+\varphi(\omega_c) \tag{4-41}$$

式中:$\varphi(\omega_c)$——$G(\mathrm{j}\omega)H(\mathrm{j}\omega)$ 当频率为 ω_c 时的相频特性,即相位。

(1) 若 $\gamma(\omega_c)>0$,相位裕度为正,系统稳定,如图 4.55(a)所示。

(2) 若 $\gamma(\omega_c)<0$,相位裕度为负,系统不稳定,如图 4.55(b)所示。

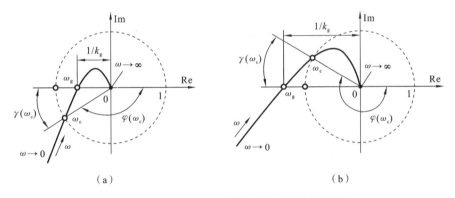

图 4.55　奈奎斯特图中的幅值裕度与相位裕度

2. 幅值裕度(量)k_g

在相位交界频率上,使开环幅值达到 1 所需的放大倍数称为幅值裕度,也称幅值裕量,用 k_g 表示,如图 4.56 所示。

$$\varphi(\omega_g)=-180°$$
$$k_g=1/A(\omega_g) \tag{4-42}$$

(1) 若 $k_g>1$,幅值裕度为正,系统稳定,如图 4.55(a)所示;

(2) 若 $k_g<1$,幅值裕度为负,系统不稳定,如图 4.55(b)所示。

显然,为了使最小相位系统闭环稳定,幅值裕度和相位裕度必须都为正。

3. 伯德图上的幅值裕度和相位裕度

在伯德图上,当幅值裕度用 dB 表示时,因

$$L(\omega)=20\lg A(\omega)$$
$$k_g=1/A(\omega_g)$$

故

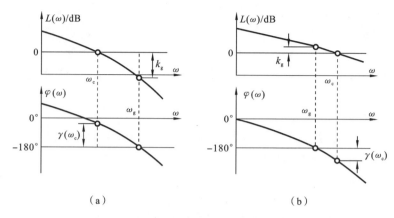

图 4.56 伯德图中的幅值裕度与相位裕度

（1）若 $A(\omega)<1$，则 $20\lg k_g>0$，系统稳定，如图 4.56（a）所示；

（2）若 $A(\omega)>1$，则 $20\lg k_g<0$，系统不稳定，如图 4.56（b）所示。

几点说明如下。

（1）控制系统的幅值裕量和相位裕量是极坐标图对（-1,j0）点靠近程度的度量，故可用作设计准则。

（2）对于最小相位系统，只有幅值裕量和相位裕量都是正值时，系统才是稳定的。

（3）为了得到满意的性能，$\gamma(\omega_c)=30°\sim60°$，$20\lg k_g>6$ dB。

在 ω_c 处，其斜率 >-40 dB/dec，为保证稳定性，可取斜率 -20 dB/dec。

4.5 系统动态性能的频域指标

在频域中分析系统时，系统的动态性能可以用频域指标来评价。系统动态性能的频域指标分为闭环系统的频域性能指标和开环系统的频域性能指标。

4.5.1 闭环系统的频率特性

1. 单位反馈系统的闭环频率特性

如图 4.57 所示的单位反馈系统，其开环传递函数为

$$G_k(s)=G(s)H(s)=G(s)$$

闭环传递函数为

$$G_b(s)=\frac{G(s)}{1+G(s)}$$

在图 4.58 所示的奈奎斯特图上，向量 $\overrightarrow{oA}$ 表示 $G(j\omega)$，ω 为 A 点处的频率，$\overrightarrow{oA}$ 的模为 $|G(j\omega)|$，$\overrightarrow{oA}$ 的相角为 $\angle G(j\omega)$，由（-1,j0）点到奈奎斯特轨迹的向量 $\overrightarrow{PA}$ 表示

微信扫一扫

$(1+G(j\omega))$。因此，oA 与 PA 之比就表示闭环频率特性，即

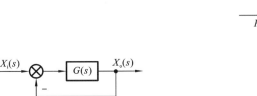

图 4.57　单位反馈系统

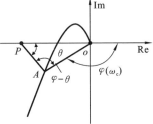

图 4.58　开环、闭环系统频率特性的关系

$$\frac{oA}{PA}=\frac{G(j\omega)}{1+G(j\omega)}=\frac{X_o(j\omega)}{X_i(j\omega)} \tag{4-43}$$

$$\angle G_b(j\omega)=\varphi-\theta \tag{4-44}$$

式中：θ——向量 $\overrightarrow{PA}$ 的相角。

因此，闭环频率特性的幅值就是 $\overrightarrow{oA}$ 与 $\overrightarrow{PA}$ 长度之比，相角则是 $\overrightarrow{oA}$ 与 $\overrightarrow{PA}$ 的夹角，即 $\varphi-\theta$，如图 4.58 所示。当测量出不同频率处向量的长度和夹角后，就可以求出频率特性曲线。若用 $M(\omega)$ 表示闭环频率特性的幅值，$\alpha(\omega)$ 表示相角，则闭环频率特性可表示为

$$G_b(j\omega)=\frac{X_o(j\omega)}{X_i(j\omega)}=M(\omega)e^{j\alpha(\omega)} \tag{4-45}$$

据此可以绘出系统频率特性图。由于求出的闭环频率特性分子分母通常不是因式分解的形式，故其频率特性图一般不如开环频率特性图容易绘制。但随着计算机技术的发展，且应用也越来越普及，其冗繁的计算工作可由计算机很容易完成，得到精确的闭环频率特性图。

另外，闭环频率特性也可由已知的开环频率特性来定性估计。

一般实用系统的开环频率特性具有低通滤波的性质，低频时，$|G(j\omega)|\gg1$，由式 (4-43) 表达的单位反馈系统的闭环频率特性可简化为

$$|G_b(j\omega)|=\left|\frac{X_o(j\omega)}{X_i(j\omega)}\right|=\left|\frac{G(j\omega)}{1+G(j\omega)}\right|\approx1$$

高频时，$|G(j\omega)|\ll1$，有

$$|G_b(j\omega)|=\left|\frac{X_o(j\omega)}{X_i(j\omega)}\right|=\left|\frac{G(j\omega)}{1+G(j\omega)}\right|$$

$$\approx|G(j\omega)|$$

因此，对于一般单位反馈的最小相位系统，低频输入时，输出信号的幅值和相位均与输入基本相等，这正是闭环控制系统所需要的工作频段及结果；高频输入时，输出信号的幅值和相位均与开环频率特性基本相同，而中间频段的形状随系统的阻尼不同有较大的变化，如图 4.59 所示。

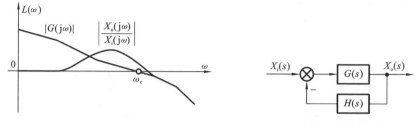

图 4.59　系统开环与闭环频率特性对照　　　　图 4.60　非单位反馈系统

2. 非单位反馈系统的闭环频率特性

对于图 4.60 所示的非单位反馈系统,其闭环传递函数为

$$G_b(s) = \frac{G(s)}{1 + G(s)H(s)}$$

故其闭环频率特性为

$$G_b(j\omega) = \frac{G(j\omega)}{1 + G(j\omega)H(j\omega)} \tag{4-46}$$

据此可以绘出系统频率特性图。

4.5.2　闭环频域性能指标

图 4.61 所示为反馈控制系统的典型闭环频率特性 $M(\omega)$ 曲线,系统的特征可用一些特征量加以描述。这些特征量构成了分析设计系统的频域性能指标。

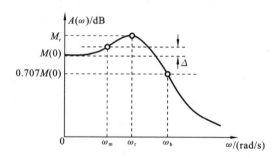

图 4.61　例 4.13 的开环伯德图

1. 闭环频域特征量

1) 零频幅值 $M(0)$

零频幅值 $M(0)$ 表示 $\omega \to 0$ 时,系统输出的幅值与输入的幅值之比。$M(0)$ 越接近 1,系统的稳态误差越小。

2) 复现频率 ω_m

复现频率 ω_m 是指幅频特性值与 $M(0)$ 之差第一次达到 Δ 的频率值。Δ 为事先规定的、反映低频输入信号的允许误差。当 $\omega > \omega_m$ 时,输出不能准确复现输入。把

$\omega = 0 \sim \omega_{\mathrm{m}}$ 定义为复现带宽。根据 Δ 所确定的 ω_{m} 越大,则表明系统能以规定精度复现输入信号的频带越宽。

3)谐振频率 ω_{r}

谐振频率 ω_{r} 是指系统产生峰值时对应的频率。

4)谐振峰值 M_{r}

谐振峰值 M_{r} 是指在谐振频率处的峰值。

5)截止频率 ω_{b}

截止频率 ω_{b} 是指幅频特性值 $M(\omega) = \dfrac{1}{\sqrt{2}}M(0) \approx 0.707M(0)$ 时所对应的频率。

相当于闭环对数幅频特性的幅值下降到 -3 dB 时对应的频率。定义 $\omega = 0 \sim \omega_{\mathrm{b}}$ 为带宽。

2. 闭环频域指标与时域指标的关系

二阶系统可以求出频域和时域指标之间严格的数学关系。如图 4.62 所示的二阶系统,其中开环传递函数为

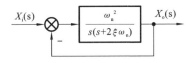

图 4.62　二阶系统

$$G_{\mathrm{k}}(s) = \frac{\omega_{\mathrm{n}}^2}{s(s + 2\xi\omega_{\mathrm{n}})}$$

则闭环传递函数为

$$G_{\mathrm{b}}(s) = \frac{\omega_{\mathrm{n}}^2}{s^2 + 2\xi\omega_{\mathrm{n}}s + \omega_{\mathrm{n}}^2}$$

幅频特性为

$$M(\omega) = \frac{1}{\sqrt{\left[1 - \left(\dfrac{\omega}{\omega_{\mathrm{n}}}\right)^2\right]^2 + \left(2\xi\dfrac{\omega}{\omega_{\mathrm{n}}}\right)^2}} \tag{4-47}$$

显然,当 $0 < \xi < 0.707$ 时,将出现谐振。

令: $M'(\omega) = 0$,可求得峰值频率,即

$$\omega_{\mathrm{r}} = \omega_{\mathrm{n}}\sqrt{1 - 2\xi^2} \tag{4-48}$$

因此,阻尼比 ξ、固有频率 ω_{n} 是联系闭环频域指标与时域指标两者的桥梁。

1)最大超调量 M_{p} 和谐振峰值 M_{r}

将式(4-48)代入式(4-47)可得谐振峰值

$$M_{\mathrm{r}} = \frac{1}{2\xi\sqrt{1 - 2\xi^2}}$$

最大超调量为

$$M_{\mathrm{p}} = \mathrm{e}^{-\frac{\xi\pi}{\sqrt{1 - \xi^2}}}$$

M_{p} 和 M_{r} 都随着阻尼比的增大而减小。因而,随着 M_{r} 增加,相应的 M_{p} 也增大——其物理意义:当闭环幅频特性有谐振峰时,输入信号频谱在 $\omega = \omega_{\mathrm{r}}$ 附近的谐波

分量通过系统后显著增强,从而引起振荡。

2)截止频率 ω_b

根据截止频率的定义,$M(\omega_b)=\dfrac{1}{\sqrt{2}}M(0)$,由式(4-47)得

$$M(0)=1$$

所以 $M(\omega_b)=1/\sqrt{2}$,故可得出

$$\omega_b=\omega_n\sqrt{1-2\xi^2+\sqrt{2-4\xi^2+4\xi^4}} \tag{4-49}$$

当 ξ 一定时,截止频率正比于系统无阻尼自然频率,因此无阻尼自然频率愈大,截止频率也就愈大,即带宽愈大,响应愈快。但带宽过大,系统抗高频干扰的性能下降,所以带宽也不宜过大。

3)快速性指标

在时域性能指标中,上升时间 t_r、峰值时间 t_p、调整时间 t_s 反映系统的快速性,当系统阻尼 ξ 一定的情况下,它们都与无阻尼固有频率 ω_n 有关。式(4-48)、式(4-49)反映了谐振频率 ω_r 和截止频率 ω_b 与无阻尼固有频率 ω_n 的关系,因此,ω_r 和 ω_b 也能衡量系统响应的快慢。

4.5.3 开环系统频域性能指标

微信扫一扫

求开环系统频率特性比求闭环系统频率特性方便,且在最小相位系统中,幅频特性和相频特性间有唯一确定的对应关系,故工程上常用开环系统的对数频率特性来分析和设计系统。

1. 开环系统频域性能指标

幅值穿越(交界)频率 ω_c。

幅值裕度(量)k_g。

相位裕度(量)$\gamma(\omega_c)$。

幅值裕度 k_g 及相位裕度 $\gamma(\omega_c)$ 可衡量系统的稳定性。当 $k_g>0$、$\gamma(\omega_c)>0$ 时,系统闭环稳定,且能根据裕度的大小,衡量系统稳定性程度。

2. 开环系统频域性能指标与时域性能指标的关系

对于图 4.62 所示的二阶系统,其开环传递函数为

$$G_k(s)=\frac{\omega_n^2}{s(s+2\xi\omega_n)}$$

其幅频特性为

$$A(\omega)=\frac{\omega_n^2}{2\xi\omega\sqrt{(1+\dfrac{\omega}{2\xi\omega_n})^2}} \tag{4-50}$$

当 $\omega=\omega_c$ 时,$A(\omega_c)=1$。代入式(4-50),可求得幅值穿越频率 ω_c 为

$$\omega_{\mathrm{c}} = \omega_{\mathrm{n}} \sqrt{\sqrt{2+4\xi^2} - 2\xi^2} \tag{4-51}$$

可以看到，ω_{c} 与系统无阻尼自然频率 ω_{n} 成正比，因此，可衡量系统响应快速性。

4.5.4　用开环系统频率特性分析闭环系统性能

系统开环频率特性、对数频率特性与闭环频率特性存在密切关系。稳定系统开环频率特性曲线 $G(\mathrm{j}\omega)$ 距离 $(-1,\mathrm{j}0)$ 点的远近，反映了系统稳定性程度和动态特性，而 $G(\mathrm{j}\omega)$ 曲线靠近 $(-1,\mathrm{j}0)$ 点的部分，相当于系统对数幅频特性曲线与 0 dB 相交点 (ω_{c}) 附近的区段。对于最小相位系统，其对数幅频特性与相频特性是一一对应的。研究开环传递函数对数频率特性通常分为低频段、中频段、高频段三个频段来加以分析，虽然三个频段划分并没有严格的界限，但它反映了对控制系统性能影响的主要方面。

1. 低频段

低频段一般是指折线对数幅频特性在第 1 个转折频率以前的频段。图 4.63 所示的第 1 个转折频率为 ω_1，故低频段为 $0\sim\omega_1$。系统的稳态指标主要是由这个频段幅频特性的高度和斜率所决定的。

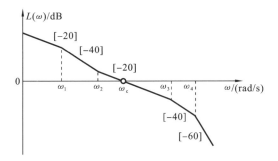

图 4.63　三个频段的图示

在研究稳态误差系数时，已得出结论：0 型、Ⅰ 型、Ⅱ 型系统的稳态误差系数分别为 k_{p}、k_{v}、k_{a}，其大小体现在低频段对数幅频特性的高度上，系统的型次则体现在低频段对数幅频特性的斜率上。因此，控制系统对给定的输入信号是否引起稳态误差及误差的量值都可由对数幅频特性的低频段确定。

2. 中频段

中频段通常是指折线对数幅频特性在开环截止频率 ω_{c} 前后转折频率之间的一段。图 4.63 所示的中频段为 $\omega_2\sim\omega_3$ 间的频率范围。有人认为是 $L(\omega)$ 从 +30 dB 降到 −15 dB 的一段。时域响应的动态指标主要由中频段的形状决定。

由式(4-51)可知，开环截止频率 ω_{c} 与系统无阻尼自然频率 ω_{n} 成正比，所以对时域响应的快速性要求可以反映在对开环截止频率 ω_{c} 大小的要求上。

系统的相位裕度主要取决于中频段即开环截止频率 ω_c 处的斜率。图 4.64 反映了在开环截止频率 ω_c 处,其斜率对相位裕度的影响。

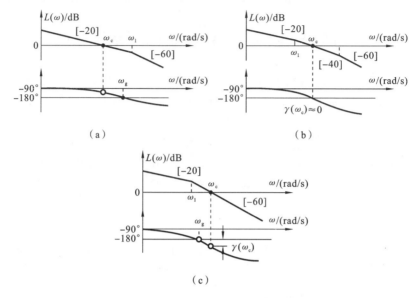

图 4.64 ω_c 处的斜率对系统稳定性能的影响

(1) 在开环截止频率 ω_c 处,斜率为 -20 dB/dec,其相位裕度大于 $0°$,系统稳定,如图 4.64(a)所示。

(2) 当开环截止频率 ω_c 处的斜率为 -40 dB/dec 时,相位裕度的值趋近 $0°$,系统趋于临界稳定状态,甚至系统不稳定,如图 4.64(b)所示。

(3) 当开环截止频率 ω_c 处的斜率为 -60 dB/dec 时,其相位裕度小于 $0°$,系统不稳定,如图 4.64(c)所示。

为了使系统稳定,且有足够的稳定裕量,一般希望中频段的斜率为 -20 dB/dec,且有足够的宽度。

3. 高频段

高频段是指中频段以后的频段。在图 4.63 所示的高频段为 $\omega > \omega_3$ 的频率范围。

高频段的斜率与系统抗干扰性能有关。干扰信号(噪声)一般为高频,因此,在高频段,对数幅频特性曲线的斜率越小(或曲线越陡),则衰减越快,对噪声的抑制作用越强。

本 章 小 结

时域法、根轨迹法及频域法共同组成经典控制理论的最核心内容。频域分析法是一种常用的图解分析法,其特点是可以根据系统的开环频率特性去判断系统闭环的性能,并能较方便地分析系统参数对时域响应的影响,从而指出改善系统性能的途径。本章介绍的频域分析法已经发展为一种常用的工程方法,应用十分广泛。其主要内容如下。

(1) 线性定常系统对正弦输入的稳态响应被称为频率响应,该响应的频率与输入信号的频率相同,但幅值及相位相对于输入信号随频率 ω 的变化而变化。反映这种变化特性的表达式 $A(\omega)$(输出的幅值与输入的幅值之比)、$\varphi(\omega)$(输出的相位与输入的相位之差)称为系统的频率特性。

(2) 频率特性表达式与系统传递函数的关系是:将传递函数 $G(s)$ 中的 s 用 $j\omega$ 取代,可得到其频率特性表达式 $G(j\omega)$。

(3) 当 ω 从 $0 \to \infty$ 时,系统频率特性表 $G(j\omega)$ 端点的轨迹即为频率特性极坐标图,也称奈奎斯特图。系统奈奎斯特图的起点($\omega=0$)由系统的型次决定,终点($\omega \to \infty$)趋于原点。

(4) 系统频率特性的对数坐标图称为伯德图。伯德图由对数幅频特性和对数相频特性分别来表达。由于对数运算可以将幅值的乘除法运算转化为加减运算,并可用简单的渐近线线段近似地绘制出对数幅频特性,所以,伯德图应用最广。

(5) 若系统传递函数的极点与零点都位于 s 平面的左半平面,这种系统被称为最小相位系统;反之,若系统传递函数具有位于 s 平面的右半平面的极点或零点,则系统被称为非最小相位系统。最小相位系统的幅频和相频之间存在着唯一的对应关系,即根据对数幅频特性可唯一确定相应的相频特性和传递函数,而对非最小相位系统则不然。

(6) 许多系统和元件的频率特性都可以用实验方法测定。在难以用解析法确定系统特性的情况下,这一点具有特别重要的意义。

(7) 根据闭环频率特性的谐振峰值、谐振频率和截止频率的数值,可以粗略估计系统时域响应的一些性能指标。

(8) 利用奈奎斯特稳定性判据,可以根据系统开环奈奎斯特图来判断其系统闭环稳定性;利用伯德稳定性判据,也能根据系统开环伯德图来判断其系统闭环稳定性。

(9) 一个设计合理的系统,其开环对数幅频特性在低、高频段可以有更大的斜率。低频段位置高、斜率大,可以提高系统的稳态精度;高频段斜率大,可以排除高频干扰。

中频段斜率以 -20 dB/dec 为宜,以保证系统的稳定性。其幅值穿越频率 ω_c 的选择应考虑动态过程响应速度的要求,若要求提高系统的响应速度,则 ω_c 应选大些,但 ω_c 过大会降低其抗干扰能力。

习　　题

4-1　何谓频率响应?其频率特性又是什么?

4-2 什么是最小相位传递函数？其频率特性有何特点？

4-3 某放大器的传递函数 $G(s)=\dfrac{k}{Ts+1}$，现测得其频率响应，当 $\omega=1$ rad/s 时，幅频 $A(\omega)=12/\sqrt{2}$，相频 $\varphi(\omega)=-45°$。试确定放大系数 k 和时间常数 T。

4-4 某单位反馈系统的开环传递函数为 $G(s)=\dfrac{5}{3s+2}$。当输入分别为 $x_i(t)=\dfrac{1}{5}\sin\left(\dfrac{2}{3}t+45°\right)$、$x_i(t)=2\sin t+\cos(2t-45°)$ 时，试分别求其稳态输出。

4-5 某单位反馈控制系统的开环传递函数为 $G_k(s)=\dfrac{5}{s(s+1)}$，试确定：

(1) 该系统的固有频率 ω_n 及阻尼比 ξ；

(2) 该系统的单位阶跃响应。

4-6 已知某控制系统的开环传递函数如下。试概略绘制该系统的开环频率特性极坐标图（奈奎斯特图），并在图中标识 $\omega\to0$、$\omega\to\infty$ 特殊点，指出曲线与坐标轴的交点有何意义？

(1) $G_k(s)=\dfrac{k}{s^3}$ 　　　　　　　(2) $G_k(s)=\dfrac{1}{(1+0.1s)}$

(3) $G_k(s)=\dfrac{10}{s(2s+1)(3s+1)}$ 　(4) $G_k(s)=\dfrac{100}{(s+10)(s+50)}$

(5) $G_k(s)=\dfrac{15}{s^2(s+1)}$ 　　　　(6) $G_k(s)=\dfrac{100}{s(s^2+8s+100)}$

(7) $G_k(s)=\dfrac{s+3}{s(2s-1)}$ 　　　　(8) $G_k(s)=10e^{-0.1s}$

4-7 已知 4 个最小相位系统，其开环对数幅频特性（伯德图）如图 4.65 所示。试分别指出系统的组成，并求取其开环传递函数 $G_k(s)$。

4-8 试求函数 $G(j\omega)=\dfrac{1}{j\omega(j2\omega+3)}$ 的实频特性 $U(\omega)$、虚频特性 $V(\omega)$、幅频特性 $A(\omega)$、相频特性 $\varphi(\omega)$。

4-9 设 6 个系统的开环奈奎斯特图如图 4.66 所示，p 为系统开环右极点数。试分别判别系统闭环的稳定性，并简要说明理由。

4-10 图 4.67 所示为一个有速度反馈的控制系统，b 为速度反馈系数。通过与欠阻尼二阶系统的比较，试求：

(1) 不存在速度反馈（$b=0$）时，系统的阻尼比 ξ 和无阻尼自振频率 ω_n。

(2) 当有速度反馈且 $\xi=0.8$ 时，其速度反馈系数 b 和无阻尼自振频率 ω_n。

4-11 试绘制下列开环传递函数的伯德图，要求在图上有相应的标注。

(1) $G_k(s)=5(1+2s)$ 　　　　　　(2) $G_k(s)=\dfrac{10}{s(s+1)}$

(3) $G_k(s)=\dfrac{10}{s(s+2)}$ 　　　　　(4) $G_k(s)=10+2s+\dfrac{1}{s}$

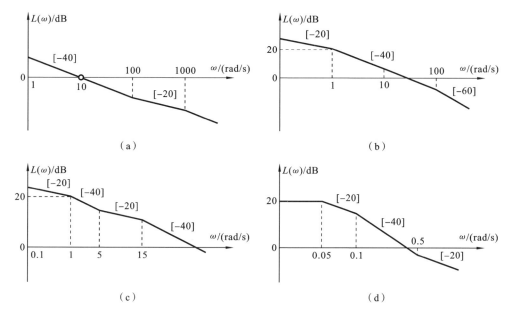

图 4.65　题 4-7 图

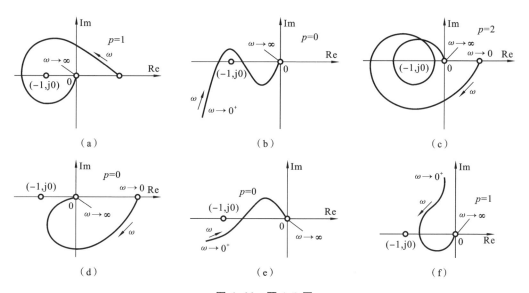

图 4.66　题 4-9 图

$(5)\ G_{k}(s)=\dfrac{10s}{(s+2)}$　　　　$(6)\ G_{k}(s)=\dfrac{s+5}{s^{2}+2s+9}$

$(7)\ G_{k}(s)=\dfrac{200(s+5)}{s(s^{2}+8s+100)}$　　　　$(8)\ G_{k}(s)=\dfrac{10(5s+1)}{s^{2}(s+1)(10s+1)}$

4-12　某系统的开环传递函数为 $G_{k}(s)=\dfrac{1000(0.2s+1)}{s(s+1)(s^{2}+2s+100)}$。试绘制其开

环对数频率特性曲线(伯德图),要求在图上标示出各环节的转折频率、斜率、幅值交界频率、相位交界频率、幅值裕量及相位裕量。

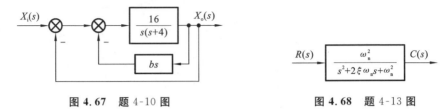

图 4.67 题 4-10 图　　　　　　图 4.68 题 4-13 图

4-13　图 4.68 所示为某系统的方框图,$R(s)$ 为输入[$r(t)$ 的拉氏变换]、$C(s)$ 为输出[$c(t)$ 的拉氏变换]。当 $r(t)=\sin 5t$,系统频率响应的稳态响应为 $c(t)=0.5\sin(5t-90°)$,试求系统的阻尼比 ξ 和无阻尼自振频率 ω_n。

4-14　某闭环系统框图如图 4.69 所示。

(1) 试用劳斯判据判断该系统是否稳定?

(2) 若绘制该系统的开环对数幅频特性图(伯德图),其低频段的渐近线斜率是多少?

4-15　已知单位反馈系统的开环传递函数为 $G_k(s)=\dfrac{1}{s(0.1s+1)(s+1)}$,应用奈奎斯特稳定判据论证系统是否稳定。

4-16　为使图 4.70 所示系统的截止频率 $\omega_r=100\ \text{rad/s}$,$T$ 值应为多少?

4-17　设单位反馈系统的开环传递函数为 $G_k(s)=\dfrac{10}{(0.2s+1)(0.02s+1)}$。试求闭环系统的谐振频率 ω_r、谐振峰值 M_r 及截止频率 ω_b。

图 4.69 题 4-14 图　　　　　　图 4.70 题 4-16 图

4-18　设单位反馈系统的开环传递函数为 $G_k(s)=\dfrac{k}{s(0.1s+1)(s+1)}$,试确定:

(1) 使系统的谐振峰值 $M_r=1.4$ 的 k 值;

(2) 使系统的相位裕量 $\gamma=60°$ 的 k 值;

(3) 使系统的幅值裕量 $k_g=20\ \text{dB}$ 的 k 值。

4-19　某单位反馈的二阶 Ⅰ 型系统,其最大超调量 $M_p=16.3\%$,峰值时间 $t_p=114.6\ \text{ms}$。试求系统开环传递函数 $G_k(s)$,并求出闭环谐振峰值 M_r 及谐振频率 ω_r。

4-20　试判断图 4.71 所示系统的稳定性。

4-21　若系统的开环传递函数为 $G_k(s)=\dfrac{1-2s}{(1+2s)(1+s)}$,试判别系统的稳定性,

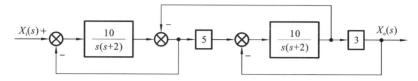

图 4.71　题 4-20 图

并计算系统的相位裕量 $\gamma(\omega_c)$ 和幅值裕量 k_g。

4-22　由质量、弹簧、阻尼器组成的机械系统如图
4.72所示。已知:k 为弹簧的刚度,B 为系统的阻尼,$m=$
1 kg。若外力 $f(t)=2\sin 2t(\mathrm{N})$,由试验得到系统稳态响
应为

$$x_o = 2.5\sin\left(2t - \frac{\pi}{2}\right)$$

试确定 k 和 B(提示:先建立系统微分方程,得到其传
递函数,再求取幅频和相频特性)。

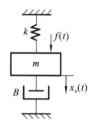

图 4.72　题 4-22 图

第5章 控制系统的综合与校正

教学提示

主要介绍系统的校正方法,并详细阐述 PID 控制的意义和作用,PID 控制规律的各种实现方法,以及基于频域分析的控制系统设计和校正。

教学要求

熟悉常用的校正方法;理解 PID 控制的意义与作用;掌握频率法设计和校正系统;了解并联校正和复合校正,掌握控制系统校正方法的选择与参数确定。

深化拓宽

由 PID 控制规律入手,介绍网络校正装置和控制参数的调整;结合计算机控制技术,介绍串联校正、并联校正及顺馈补偿和前馈补偿。

5.1 校正的基本概念

5.1.1 控制系统的性能指标

通常,根据工艺上对被控对象的参数及控制系统的任务和要求,确定控制系统的设计方案和结构,合理选择执行机构、功率放大器、检测元件等组成控制系统。采用一些方法(如时域或频域分析法)讨论系统能否满足所要求的各项性能指标。

控制系统的性能指标包括稳态指标和瞬态指标。瞬态响应特性通常是最直观、最重要的。目前,控制系统的性能指标按其类型可分为三类,具体如下。

1. 时域性能指标

时域性能指标主要有上升时间 t_r、峰值时间 t_p、调整时间 t_s、最大超调量 M_p 和振荡次数 N。上升时间、峰值时间、调整时间反映响应的快速性;而最大超调量、振荡次数则反映了相对稳定性。

2. 频域性能指标

频域性能指标主要有相位裕量 $\gamma(\omega_c)$、幅值裕量 k_g、谐振峰值 M_r、幅值穿越频率 ω_c 或谐振频率 ω_r、截止频率 ω_b 和稳态误差系数等。虽然时域响应和频率响应之间的关系是间接的,但是频域指标为在伯德图上进行设计和校正带来了方便。

3. 综合性能指标

综合性能指标是考虑控制系统某些重要参数如何取值,才能保证系统获得综合最优性能的指标。也就是对这个性能取极大值或极小值,进而获得相应设计参数。

5.1.2　控制系统的校正概念

通常情况下,随着控制系统增益的增加,系统的稳态性能得到改善,但　微信扫一扫
是稳定性能却随之变差,甚至可能造成系统的不稳定。因此,为了使系统性能全面满足性能指标的要求,需要对系统再设计——改变系统的结构或在系统中增加附加装置(或元件),以改变系统的总体性能,使之满足工作要求。这种系统的再设计称为系统校正。

在系统中加入一些可以根据需要而改变的机构或装置,通过这些装置参数的配置来改善这个系统控制性能,这一附加的部分称为校正元件或校正装置(也称之为控制器、调节器)。在实际过程中,参数调整既要理论指导,也要重视实践经验,往往还要配合许多局部和整体的试验。

控制系统的校正可以采用根轨迹法或频率响应法。如果给定的性能指标是时域指标,则采用根轨迹法;如果给定的是频域指标,则采用频率响应法。利用根轨迹法对控制系统进行串联校正的实质是通过引入校正环节,增加开环零点、极点,改变根轨迹的走向,以重新配置闭环极点、零点在复平面上的位置;利用频率响应法校正系统,则通过引入校正环节,改变频率特性曲线的形状,使系统校正后的频率特性在低频段、中频段和高频段的特性符合要求。因此,校正的实质就是改变系统零、极点的数目和位置分布。

5.1.3　系统常用校正方式

控制系统的校正方式主要有串联校正和反馈校正两种。校正环　微信扫一扫
节串接在控制系统的前向通道上的校正方式称为串联校正,典型串联校正的控制系统框图如图 5.1 所示。图中 $G_c(s)$ 就是校正环节的传递函数,$G(s)$ 是原前向通道传递函数。为了减少功率损耗,串联校正一般安置在能量较低的部位上。当采用无源校正装置时,为了补偿信号通过校正装置时的幅值衰减,需要增设放大器以提高开环增益。

校正环节和前向通道上某一个环节构成回路以提高系统性能的校正方式称为反馈校正(或称并联校正),如图 5.2 所示,图中 $G_c(s)$ 为校正环节的传递函数。反馈校正能有效地

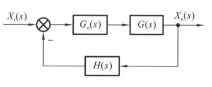

图 5.1　串联校正

改变某些参数波动对系统性能的影响,消除系统中某些环节不希望存在的特性等。

对系统实施校正时,究竟采用哪种校正方式,取决于系统中信号的性质、技术上方便程度、可供选择的元件、系统的其他性能要求(如抗干扰性、环境适应性)、经济性及设计者的经验等因素。有时也将串联校正和反馈校正结合起来,称之为复合校正。

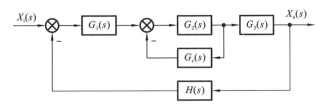

图 5.2　反馈校正

5.2　PID 控制器

5.2.1　PID 控制器

　　控制系统的工作原理就是通过测量、比较和执行实现。测量的关 微信扫一扫
键是被控变量的实际值与期望值相比较而得到偏差,用这个偏差来纠正系统的响应,
执行调节控制。在工程实际中,应用最为广泛的调节器控制规律为比例(proportional)、积分(integral)、微分(derivative)控制,简称 PID 控制,又称 PID 调节。

　　PID 控制器作为最早实用化的控制器已有近百年历史,现在仍然是应用最广泛
的工业控制器。由于 PID 控制器简单易懂,使用中不需精确的系统模型等先决条
件,因而成为应用最为广泛的控制器。

　　目前,基于 PID 控制而发展起来的各类控制策略不下几十种,如经典的 Ziegler-
Nichols 算法和它的精调算法、预测 PID 算法、最优 PID 算法、增益裕量/相位裕量
PID 设计、极点配置 PID 算法、鲁棒 PID 等。

　　特别随着计算机技术的迅速发展,将 PID 控制数字化,在计算机控制系统中实
施数字 PID 控制已成为一个新的发展趋势。因此,PID 控制是一种很重要、很实用
的控制规律。

　　所谓 PID 控制,就是对偏差信号 $e(t)$ 进行比例、积分和微分运算变换后形成的
一种控制规律,其控制框图如图 5.3 所示,即

$$u(t) = K_{p}\left[e(t) + \frac{1}{T_{i}}\int_{0}^{t}e(t)\mathrm{d}\tau + T_{d}\frac{\mathrm{d}e(t)}{\mathrm{d}t}\right] \tag{5-1}$$

式中:$K_{p}e(t)$——比例控制项,K_{p} 为比例系数;

　　$\dfrac{1}{T_{i}}\displaystyle\int_{0}^{t}e(t)\mathrm{d}\tau$——积分控制项,$T_{i}$ 为积分时间常数;

　　$T_{d}\dfrac{\mathrm{d}}{\mathrm{d}t}e(t)$——微分控制项,$T_{d}$ 为微分时间常数。

　　PID 控制器也可以写成

$$u(t) = K_{p}e(t) + K_{i}\int_{0}^{t}e(t)\mathrm{d}\tau + K_{d}\frac{\mathrm{d}e(t)}{\mathrm{d}t} \tag{5-2}$$

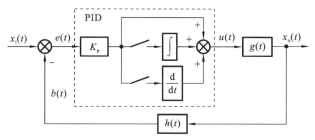

图 5.3　PID 控制器框图

其中：$K_i = \dfrac{K_p}{T_i}$，$K_d = K_p T_d$。

对式(5-2)进行拉氏反变换，可得 PID 控制规律的传递函数为

$$G_c(s) = \frac{U(s)}{E(s)} = K_p + K_i \frac{1}{s} + K_d s \qquad (5\text{-}3)$$

或写成

$$G_c(s) = \frac{U(s)}{E(s)} = K_p \left(1 + \frac{1}{T_i s} + T_d s\right)$$

式中：K_p——比例系数；

$\quad T_i$——积分时间常数；

$\quad T_d$——微分时间常数。

简单来说，PID 控制器各校正环节的作用如下。

（1）比例环节：即时成比例地反映控制系统的偏差信号，偏差一旦产生，控制器立即产生控制作用，以减少偏差。

（2）积分环节：主要用于消除稳态误差，提高系统的无差度。积分作用的强弱取决于时间常数 T_i，T_i 越大，积分作用越弱。

（3）微分环节：能反映偏差信号的变化趋势（或变化速率），并能在偏差信号值变得太大之前，在系统中引入一个有效的早期修正信号，从而加快系统的动作速度，减少调节时间。

PID 控制可以方便、灵活地改变控制策略，实施 P、PI、PD 或 PID 控制，下面用频域分析法分别说明它们的控制作用。

5.2.2　P 控制

P 控制即比例控制，比例环节的框图如图 5.4 所示。控制器的输

出 $u(t)$ 与偏差信号 $e(t)$ 之间的关系式为

$$u(t) = K_p e(t) \qquad (5\text{-}4)$$

控制器的传递函数为

图 5.4　P 控制器框图

$$G_c(s) = \frac{U(s)}{E(s)} = K_p \qquad (5\text{-}5)$$

由式(5-4)和式(5-5)可知，比例控制器实质上是一种增益可调的放大器。

比例控制器的频率特性、对数幅频特性和对数相频特性分别为

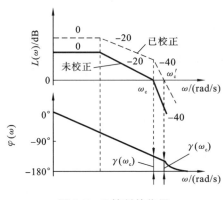

图 5.5 P 控制的作用

$$G_c(j\omega) = K_p$$
$$L_c(\omega) = 20\lg K_p$$
$$\varphi_c(\omega) = 0$$

图 5.5 显示了系统在引入比例控制器后对系统性能的影响。由图可知，当取 K_p >1，采用比例控制改善了系统的稳定性能（开环增益加大，稳态误差减小）和快速性（幅值穿越频率 ω_c 增大，过渡过程时间 t_s 缩短），但系统稳定程度变差（相位裕量 $\gamma(\omega_c)$ 变小）。因此只有原系统稳定裕量充分大时才采用比例控制。若取 K_p <1，则对系统性能的影响刚好相反。

5.2.3 PI 控制

微信扫一扫

PI 控制就是由比例和积分共同产生控制作用，其控制规律可表示为

$$u(t) = K_p e(t) + \frac{K_p}{T_i} \int_0^t e(t)\,\mathrm{d}t \qquad (5\text{-}6)$$

控制器的传递函数为

$$G_c(s) = \frac{U(s)}{E(s)} = K_p\left(1 + \frac{1}{T_i s}\right) \qquad (5\text{-}7)$$

PI 控制器的框图如图 5.6 所示。这种控制器的 K_p 和 T_i 均为可调。调节积分时间常数 T_i 可调整积分控制作用；改变比例系数 K_p 既影响控制作用的比例部分，又影响控制作用的积分部分。

$$E(s) \longrightarrow \boxed{\dfrac{K_p(1+T_i s)}{T_i s}} \longrightarrow U(s)$$

图 5.6 PI 控制器框图

若偏差信号 $e(t)$ 为单位阶跃函数，如图 5.7 (a)所示，则控制器的输出 $u(t)$ 如图 5.7(b)所示。

由于 PI 控制器中 K_p 对系统的影响与比例校正一致（可参考 5.2.2 节内容），故为了讨论方便，此处取 $K_p=1$，则 PI 控制器的对数频率特性为

$$G_c(j\omega) = \frac{1 + j\omega T_i}{j\omega T_i}$$

$$L(\omega) = 20\lg\sqrt{1 + (\omega T_i)^2} - 20\lg\omega T_i$$

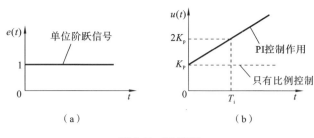

图 5.7　PI 控制

（a）单位阶跃输入　（b）PI 控制器输出

$$\varphi_c(\omega) = \arctan\omega T_i - 90°$$

图 5.8 所示为系统校正前、后的伯德图。由图可知,引入 PI 控制器会使系统的相位产生滞后。使系统在某频域里产生相位滞后的校正称为相位滞后校正。需要指出的是,相位滞后校正并不是利用校正环节的相频特性,而是利用它的幅频特性。

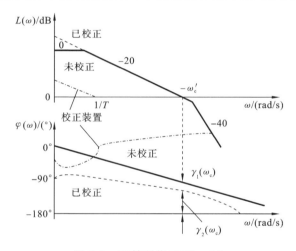

图 5.8　PI 控制作用（$K_p = 1$）

系统经过校正后,伯德图有了明显的变化。从图中可看出,经校正后,系统由 0 型提高到 I 型,故稳态性能得到了改善,相位裕量下降不多,因此对相对稳定性的影响不大。故可以通过选择合适的参数 K_p 和 T_i 来改善系统的动态和稳态性能。

综上所述,引入 PI 控制相当于对系统引入一个零值开环极点或积分环节和一个实数开环零点或一阶微分环节。零值开环极点或积分环节提高了系统的型次,因此改善了系统的稳态性能。但引入开环极点一般会使根轨迹向复平面的右半边弯曲或移动,这相当于减小系统的阻尼,也就是说引入积分环节会增加系统的相位滞后。因此零值极点或积分环节也将显著地降低系统的相对稳定性。然而引入开环零点一般能使根轨迹向复平面的左半边弯曲或移动,这相当于增大系统阻尼,或者说,引入一阶微分环节能给系统提高一个超前的相位,因而减小系统的相位滞后,改善了系统的相对稳定性,增大了系统允许的开环增益。因此,对系统引入 PI 控制,可以在较少降低系统相对稳定性的情况下,提高系统的稳态性能。

5.2.4 PD 控制

微信扫一扫

PD 控制就是由比例和微分共同产生控制作用,其控制规律可表示为

$$u(t) = K_p e(t) + K_p T_d \frac{\mathrm{d}}{\mathrm{d}t} e(t) \tag{5-8}$$

控制器的传递函数为

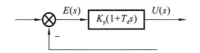

图 5.9 PD 控制器框图

$$G_c(s) = \frac{U(s)}{E(s)} = K_p(1 + T_d s) \tag{5-9}$$

PD 控制器的框图如图 5.9 所示,其中 K_p 和 T_d 均可调节。若偏差信号 $e(t)$ 为速度函数,如图 5.10(a)所示,则控制器输出 $u(t)$ 将如图 5.10(b)所示。由图 5.10 可以看出,微分控制作用具有预测特性。时间常数 T_d 就是微分控制作用超前于比例控制作用效果的时间间隔。但是微分控制作用永远不能预测不存在的作用。同时,微分控制作用也有它的缺点,因为它放大了噪声信息,并且还可能在执行元件中造成饱和效应。

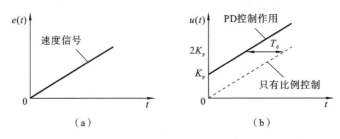

（a）　　　　　　　　　　（b）

图 5.10 PD 控制

(a) 速度输入　(b) PD 控制输出

同理,令 $K_p = 1$,则 PD 控制器的频率特性、对数幅频特性和对数相频特性分别为

$$G_c(\mathrm{j}\omega) = 1 + \mathrm{j}\omega T_d$$

$$L_c(\omega) = 20\lg \sqrt{1 + (\omega T_d)^2}$$

$$\varphi_c(\omega) = \arctan\omega T_d$$

PD 控制器的控制作用如图 5.11 所示。由图 5.11 可见,原系统虽然稳定,但稳定裕量较小。当引入 PD 控制器后,相位裕量增加,提高了系统的相对稳定性;幅值穿越幅值 ω_c 增大,提高了系统的快速性;系统的稳态性能没有变化。因此,PD 控制改善了系统的动态性能。但高频段增益上升,系统抗干扰能力减弱。

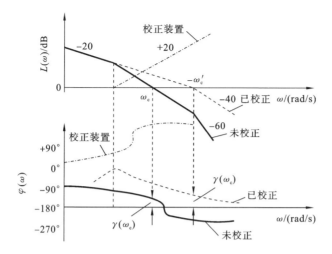

图 5.11　PD 控制作用（$K_p=1$）

5.2.5　PID 控制

微信扫一扫

PID 控制器的框图如图 5.12 所示。若偏差信号 $e(t)$ 为速度函数，如图 5.13(a)所示。则控制器的输出 $u(t)$ 如图 5.13(b)所示。

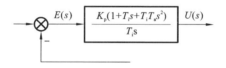

图 5.12　PID 控制器框图

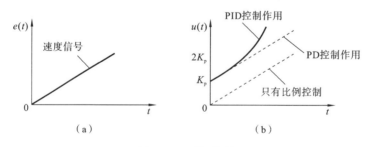

（a）　　　　　　　　　　　（b）

图 5.13　PID 控制

（a）速度输入　（b）PID 控制输出

同理，令 $K_p=1$，PID 控制器的频率特性为

$$G_c(\mathrm{j}\omega)=1+\frac{1}{\mathrm{j}\omega T_i}+\mathrm{j}\omega T_d \tag{5-10}$$

令 $\omega_i=\dfrac{1}{T_i}$，$\omega_d=\dfrac{1}{T_d}$，且设 $\omega_i<\omega_d$（即 $T_i>T_d$），则有

$$G_c(j\omega) = \left(1 + j\frac{\omega}{\omega_i} - \frac{\omega^2}{\omega_i\omega_d}\right) \Big/ j\frac{\omega}{\omega_i} \tag{5-11}$$

因此,PID 控制器的对数幅频特性和对数相频特性分别为

$$L_c(\omega) = 20\lg\sqrt{\left(1 - \frac{\omega^2}{\omega_i\omega_d}\right)^2 + \frac{\omega^2}{\omega_i^2}} - 20\lg\frac{\omega}{\omega_i}$$

$$\varphi_c(\omega) = \arctan\frac{\dfrac{\omega}{\omega_i}}{1 - \dfrac{\omega^2}{\omega_i\omega_d}} - 90°$$

近似地有

$$L_c(\omega) = \begin{cases} -20\lg\dfrac{\omega}{\omega_i}, & \omega \ll \omega_i \\[2mm] 0, & \omega_i < \omega < \omega_d \\[2mm] 20\lg\dfrac{\omega}{\omega_d}, & \omega \gg \omega_d \end{cases}$$

$$\varphi_c(\omega) = \begin{cases} -90°, & \omega \to 0 \\[1mm] 0, & \omega = \sqrt{\omega_i\omega_d} \\[1mm] +90°, & \omega \to \infty \end{cases}$$

由上式画出 PID 控制器的伯德图,如图 5.14 所示。可见,PID 控制器在低频段主要起积分控制作用,改善系统的稳态性能;在中频段主要起微分控制作用,提高系统的动态性能。

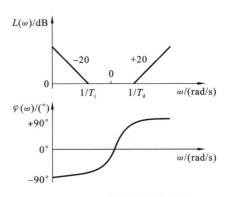

图 5.14 PID 控制器的伯德图

5.3 PID 控制器的实现

PID 控制器通常由其相应的校正装置来实现。这些校正装置的物理属性可以是电气的、机械的、液压的、气动的,或者是它们的组合形式。究竟采用哪种形式的校正装置为宜,在很大程度上取决于控制对象的性质。如果安全有保障,则一般都愿意采

用电气校正装置,因为它实现起来最方便。在机械工业中也经常采用机械、液压和气动的校正装置。

5.3.1　PD 控制器

PD 控制器可用图 5.15 所示的有源网络来实现,它由运算放大器和电阻、电容组成。按阻抗法有

$$Z_1 = \frac{R_1}{R_1 C_1 s + 1}$$

$$Z_2 = R_2$$

若将 A 点视为零电位并不考虑方向性,则有

$$G_c(s) = \frac{U_o(s)}{U_i(s)} = K_p(T_1 s + 1) \quad (5\text{-}12)$$

式中:$T_1 = R_1 C_1$,$K_p = R_2 / R_1$。

可见,式(5-12)为典型的 PD 控制器传递函数,故该有源网络可作为 PD 校正装置。

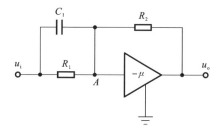

图 5.15　PD 校正装置

5.3.2　PI 控制器

PI 控制器可用图 5.16 所示的有源网络来实现,它由运算放大器和电阻、电容组成。按阻抗法有

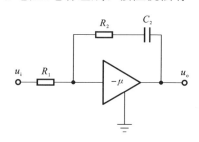

图 5.16　PI 校正装置

$$G_c(s) = \frac{U_o(s)}{U_i(s)} = \frac{T_2 s + 1}{\tau s} = \frac{T_2}{\tau}\left(1 + \frac{1}{T_2 s}\right)$$

$$= K_p\left(1 + \frac{1}{T_2 s}\right) \quad (5\text{-}13)$$

式中:$T_2 = R_2 C_2$,$\tau = R_1 C_2$,$K_p = \dfrac{R_2}{R_1}$。

由式(5-13)可见,这就是典型 PI 控制器的传递函数,故图 5.16 所示的有源网络可以用作 PI 校正装置。

5.3.3　PID 控制器

PID 控制器可用图 5.17 所示的有源网络来实现,它也由运算放大器和电阻、电容组成。按阻抗法有

$$G_c(s) = \frac{U_o(s)}{U_i(s)} = \frac{(T_1s+1)(T_2s+1)}{\tau s} = \frac{T_1+T_2}{\tau}\left[1 + \frac{1}{(T_1+T_2)s} + \frac{T_1T_2}{T_1+T_2}s\right]$$

$$(5\text{-}14)$$

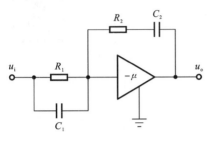

图 5.17　PID 校正装置

式中：$T_1 = R_1C_1$，$T_2 = R_2C_2$，$\tau = R_1C_2$。

由式(5-14)可见，图 5.17 所示有源网络就是 PID 校正装置。

以上介绍了各种有源网络的校正装置，当然也可以用无源网络实现 PI、PD 和 PID 控制器。无源网络的优点是校正元件的特性比较稳定，缺点是经常需要另加放大器并进行前后隔离。有源网络的特性容易漂移，但有源网络本身带有放大器，增益可以调整，使用方便灵活。

5.4　反馈校正

为了改善控制系统的性能，除了采用串联校正方式外，反馈校正也是广泛应用的一种校正方式。系统采用反馈校正后，除了可以得到与串联校正相同的校正效果外，还可以获得某些改善系统性能的特殊功能。

5.4.1　反馈校正的连接形式

设反馈校正系统动态性能如图 5.18 所示，其开环传递函数

$$G(s) = G_1(s)\frac{G_2(s)}{1 + G_2(s)G_c(s)} \qquad (5\text{-}15)$$

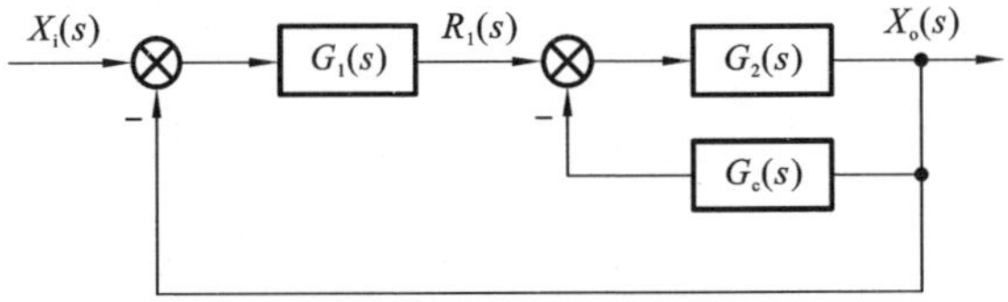

图 5.18　反馈校正

如果在对系统动态性能起主要影响的频率范围内，关系式

$$\left|G_2(j\omega)G_c(j\omega)\right| \gg 1$$

成立，则式(5-15)可表示为

$$G(s) \approx \frac{G_1(s)}{G_c(s)} \qquad (5\text{-}16)$$

上式表明，反馈校正后系统的特性几乎与被反馈校正装置包围的环节无关；而当

$$|G_2(\mathrm{j}\omega)G_\mathrm{c}(\mathrm{j}\omega)| \ll 1$$

式(5-15)变成

$$G(s) \approx G_1(s)G_2(s)$$

表明此时已校正系统与待校正系统特性一致。因此,适当选取反馈校正装置 $G_\mathrm{c}(s)$ 的参数,可以使已校正系统的特性发生所期望的变化。

5.4.2　反馈校正的特点

1. 削弱非线性特性的影响

反馈校正有降低被包围环节非线性特性影响的功能。当系统由线性工作状态进入非线性工作状态(如饱和与死区)时,相当于系统的参数(如增益)发生变化,可以证明,反馈校正可以减弱系统对参数变化的敏感性,因此反馈校正在一般情况下也可以削弱非线性特性对系统的影响。

2. 减小系统的时间常数

反馈校正(通常指负反馈校正)有减小被包围环节时间常数的功能,这是反馈校正的一个重要特点。

3. 降低系统对参数变化的敏感性

在控制系统中,为了减弱参数变化对系统性能的影响,除可采用鲁棒控制技术外,还可采用反馈校正的方法。

5.5　复 合 校 正

利用串联校正和反馈校正在一定程度上可以改善系统的性能。在闭环控制系统中,控制作用是由偏差产生的,是靠偏差来消除偏差,因此偏差是不可避免的。对于稳态精度要求很高的系统,为了减小误差,通常用提高系统的开环增益或提高系统的型次来解决。但这样做往往会导致系统稳定性变差,甚至使系统不稳定。

为了解决这个矛盾,常常把开环控制与闭环控制结合起来,组成复合控制,如图 5.19 所示。复合控制又称复合校正,这种复合控制(校正)有两个通道,一个是由 $G_\mathrm{c}(s)G_2(s)$ 组成的顺馈补偿通道,它是开环控制的;另一个是由 $G_1(s)G_2(s)$ 组成的主

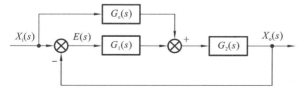

图 5.19　复合校正

控制通道,这是闭环控制的。系统的输出量不仅由误差值所确定,而且还与补偿信号有关,后者的输出作用,可补偿原来的误差。

5.5.1 顺馈补偿

下面结合图 5.19 所示系统传递函数的分析,讨论顺馈补偿的作用。系统按偏差 $E(s)$ 控制时的闭环传递函数为

$$\Phi(s) = \frac{G_1(s)G_2(s)}{1 + G_1(s)G_2(s)}$$

在加入顺馈补偿通道后,复合控制系统的传递函数可推导为

$$
\begin{aligned}
X_o(s) &= [G_c(s)X_i(s) + G_1(s)E(s)]G_2(s) \\
&= G_c(s)G_2(s)X_i(s) + G_1(s)G_2(s)[X_i(s) - X_o(s)] \\
&= G_c(s)G_2(s)X_i(s) + G_1(s)G_2(s)X_i(s) - G_1(s)G_2(s)X_o(s)
\end{aligned}
$$

整理后即得复合控制系统的传递函数为

$$\Phi(s) = \frac{X_o(s)}{X_i(s)} = \frac{[G_1(s) + G_c(s)]G_2(s)}{1 + G_1(s)G_2(s)} \tag{5-17}$$

复合校正后的系统特征多项式与未校正的闭环系统的特征多项式是完全一致的。因此,系统虽增加了补偿通道,但其稳定性不受影响。

现在来分析稳态精度和快速性方面的影响。加入顺馈补偿通道后,系统的偏差传递函数为

$$E(s) = X_i(s) - X_o(s) = X_i(s) - [G_1(s)G_2(s)E(s) + G_c(s)G_2(s)X_i(s)]$$

整理后即得系统的偏差传递函数

$$\Phi_E(s) = \frac{E(s)}{X_i(s)} = \frac{1 - G_c(s)G_2(s)}{1 + G_1(s)G_2(s)}$$

系统偏差为

$$E(s) = \frac{1 - G_c(s)G_2(s)}{1 + G_1(s)G_2(s)}X_i(s)$$

若选择

$$G_c(s) = \frac{1}{G_2(s)}$$

则

$$E(s) = 0$$

因此,系统的输出 $x_o(t)$ 就能完全复现输入信号 $x_i(t)$,使得系统既没有动态误差,也没有稳态误差,并可以把系统看成是一个无惯性系统,快速性能达到最佳状态。

这就是采用复合控制既能消除稳态误差,又能保证系统动态性能的基本原理。但在工程实际中,要完全满足以上条件往往是困难的,因为它意味着系统要以极大的

速度运动,需要极大的功率。因此,通常采用部分顺馈(即 $G_c(s) \approx 1/G_2(s)$)的办法来补偿。另外,可通过顺馈补偿有效来减小速度和加速度误差。

5.5.2　前馈补偿

如果扰动信号是可以测量的,则可采用前馈补偿的办法,在扰动信号产生不良影响之前将它抵消掉,如图 5.20 所示。

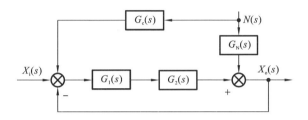

图 5.20　前馈补偿后的系统框图

此时系统输出为

$$X_o(s) = [X_i(s) - X_o(s)]G_1(s)G_2(s) + [G_c(s)G_1(s)G_2(s) + G_N(s)]N(s)$$

仅考虑扰动信号 $N(s)$ 时,可令 $X_i(s) = 0$,则有

$$X_o(s) = \frac{G_c(s)G_1(s)G_2(s) + G_N(s)}{1 + G_1(s)G_2(s)}N(s)$$

故当

$$G_c(s) = -\frac{G_N(s)}{G_1(s)G_2(s)}$$

则

$$X_o(s) = 0$$

便实现了对扰动信号的完全抵消。

综上所述,由于按偏差确定控制作用以使输出量保持其在期望值的反馈控制系统,对于滞后较大的控制对象,其反馈控制作用不能及时影响系统的输出,以致引起输出量的过大波动,直接影响控制品质。如果引起输出量较大波动的主要外扰动参量是可测量和可控制的,则可在反馈控制的同时,利用外扰信号直接控制输出(实施前馈控制),构成复合控制,就能迅速有效地补偿外扰对整个系统的影响,并利于提高控制精度。这种按外扰信号实施前馈控制的方式称为扰动控制,按不变性原理,理论上可做到完全消除主扰动对系统输出的影响。

本 章 小 结

本章在简单介绍控制系统性能指标的基础上,讨论了校正的基本概念和 PID 控制规律,给出了 PID 校正装置,并讨论了 PID 控制参数对系统性能的影响,最后分析了反馈校正和复合校正对系统性能影响。

习　题

5-1　采用传递函数为 $G_c(s) = \dfrac{1+0.456s}{1+0.114s}$ 的装置对系统进行校正,求校正装置的最大超前相角和产生最大超前相角的频率。

5-2　已知 PI 控制器为 $G_c(s) = 5\left(1+\dfrac{1}{2s}\right)$,PD 控制器为 $G_c(s) = 5(1+0.5s)$,PID 控制器为 $G_c(s) = 30.32\,\dfrac{(s+0.65)^2}{s}$。试画出它们的伯德图,并简要分析其性能,说明作为串联控制器使用时所适用的对象。

5-3　设系统框图如图 5.21 所示。图中

$$G_1(s) = \frac{K_1}{0.014s+1}$$

$$G_2(s) = \frac{12}{(0.1s+1)(0.02s+1)}$$

$$G_3(s) = \frac{0.0025}{s}$$

K_1 在 6000 以内可调。试设计反馈校正装置特性 $G_c(s)$,使系统满足下列性能指标。

(1) 静态速度误差系数 $K_v \geqslant 150$。

(2) 单位阶跃输入下的超调量 $\sigma\% \leqslant 40\%$。

(3) 单位阶跃输入下的调节时间 $t_s \leqslant 1s(\Delta = 2\%)$。

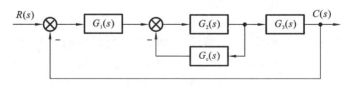

图 5.21　题 5-3 图

5-4　设单位反馈系统的开环传递函数

$$G_0(s) = \frac{K}{s(0.1s+1)(0.01s+1)}$$

试设计串联校正装置,使系统特性满足下列指标:(1) 静态速度误差系数 $K_v \geqslant 250/s$;(2) 截止频率 $\omega_b \geqslant 30\ \text{rad/s}$;(3) 相角裕度 $\gamma(\omega_c) \geqslant 45°$。

5-5　设复合校正控制系统如图 5.22 所示。若要求闭环回路过阻尼,且系统在斜坡输入作用下的稳态误差为零,试确定 K 值及前馈补偿装置 $G_c(s)$。

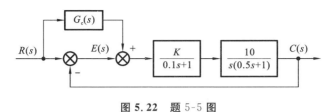

图 5.22　题 5-5 图

第6章 控制系统计算机辅助设计

教学提示

以常见的硬盘控制系统设计为例,采用计算机辅助设计技术,运用 MATLAB 进行硬盘控制系统的时域分析和频域分析,依据期望的性能指标设计其控制参数,讨论控制系统计算机辅助设计过程。

教学要求

熟悉 MATLAB 的基本操作和指令,掌握利用计算机辅助绘制系统奈奎斯特图和伯德图,熟练运用计算机辅助设计对系统进行控制设计和校正。

深化拓宽

由硬盘控制系统入手,介绍 PID 校正装置、控制参数的设计;运用计算机辅助设计技术,弄清相关控制系统的设计。

6.1 概　　述

前面学习了控制系统的基本概念、数学模型、时域分析、频域分析以及综合与校正。对于一些简单的控制系统,采用前面章节内容可以快速、方便完成控制系统的设计。早期的控制系统设计可以由纸笔等工具容易地计算出来,如 使用 Ziegler 与 Nichols 于 1942 年提出的 PID 经验公式就可以十分容易地将系统设计出来。然而,随着现代技术的发展,控制系统的对象规模越来越大,对象结构越来越复杂,对象的种类越来越繁多,控制手段也越来越复杂。因此,在控制系统的设计过程中,之前所介绍的设计手段受到了限制。

随着控制理论的迅速发展,利用纸笔及计算器等简单的运算工具难以达到预期的效果,加之计算机技术领域取得了迅速的发展,于是很自然地出现了控制系统的计算机辅助设计。控制系统计算机辅助设计是指在给定的被控对象数学模型及系统性能指标条件下,采用仿真软件来设计能够达到给定性能指标要求的控制器,也就是确定控制器的结构和参数的方法。

采用计算机辅助设计控制系统,可以使控制系统的设计非常简便,并可根据仿真结果分析并发现控制系统存在的问题,确定系统参数,便于快速做出对系统的修改策略,在科学研究、生产领域应用中获得更好的设计可靠性和研究的可靠性,进而可以节约科研和设计成本。

控制系统校正的目的是改善系统的动态性能,实现在系统静态性能无损的前提下,提高系统的动态性能。通过加入校正环节,利用其相位超前特性来增加系统的相位裕度,改变系统的开环频率特性。一般使校正环节的最大相位超前角出现在系统新的穿越频率点。通过加入滞后校正环节,使系统的开环增益有较大幅度增加,同时又使校正后的系统动态指标保持原系统的良好状态。利用滞后校正环节的低通滤波特性,在不影响校正后系统低频特性的情况下,使校正后系统中高频段增益降低,从而使其穿越频率前移,达到增加系统相位裕度的目的。

目前,控制领域专家推出的 MATLAB 可以使设计者将主要精力集中在控制系统理论和方法上,而不是将主要精力花费在没有太大价值的底层重复性机械性劳动上,设计者可以对控制系统计算机辅助设计技术有较好的整体了解,避免“只见树木,不见森林”的认识偏差,提高控制器设计的效率和可靠性。

MATLAB 的控制系统工具箱是提供系统化分析、设计和调整线性控制系统参数的工具,在控制系统计算机辅助分析与设计方面获得了广泛的应用。对于线性系统模型,通过绘制其时间和频率响应曲线可以观察系统的控制过程,可以使用自动、交互式技术调整控制器参数,以验证系统的性能,如上升时间、幅值裕量、相位裕量等。另外,MATLAB 模型输入与仿真环境 Simulink 为控制系统的仿真提供了一种可视化的编程方式,使用户可以把精力从编程转向模型的构造。Simulink 是一种基于 MATLAB 的框图设计环境,是实现动态系统建模、仿真和分析的一个软件包,被广泛应用于线性系统、非线性系统、数字控制及数字信号处理的建模和仿真中。

本章以常见的硬盘为控制系统,采用计算机辅助设计技术,运用 MATLAB 进行硬盘控制系统的时域分析和频域分析,依据期望的性能指标设计其控制参数,说明控制系统计算机辅助设计过程,使读者更好地理解控制系统计算机辅助设计。

6.2　硬盘控制分析与建模

6.2.1　硬盘工作原理

如今是无法想象没有计算机的生活的,因为计算机已在人们的生活和工作中得到了普遍应用。众所周知,硬盘是计算机的关键部件之一,因此,硬盘性能的好坏直接影响到计算机的工作稳定性,特别是硬盘磁头定位的准确、快速、稳定性能。

硬盘驱动读写系统是硬盘主要工作模块之一,其目标是将磁头准确定位,以便准确读取磁盘上磁道的信息。当磁盘未启动时,磁头降落在盘表面;当工作时,随着盘速的提高,浮力稍大于压力,磁头会悬浮于盘片表面,故磁头由接触到悬浮,在整个读写寻道的过程中,磁头一直处于稳定的悬浮状态。因此,需要进行精确控制的变量是安装在滑动簧片上的磁头位置。常见的硬盘如图 6.1 所示。

硬盘由硬盘外壳、硬盘接口、印制电路板、控制电路四大部分组成。外壳是由硬

图 6.1　硬盘

盘的面板和底板两部分结合而成的一个密封整体,其作用是保护硬盘内部的磁盘盘片不受外界伤害,保证硬盘的稳定运行。硬盘印制电路板位于硬盘的背面。控制电路主要集成了主轴调速电路、磁头驱动、伺服定位电路、读/写电路、控制电路、接口电路、ROM 芯片及高速缓存芯片。硬盘接口是与主机系统间连接的部件,主要用于在硬盘缓存和主机内存之间传输数据。在整个系统中,硬盘接口的优劣直接影响着程序运行的快慢和系统性能的好坏。

　　硬盘的内部构造比较复杂,如图 6.2 所示,包含盘片、读/写磁头、主轴组件、传动轴、传动手臂、前置控制电路和磁头驱动机构等部件。通过各个组件协同工作,完成数据的读/写操作。

图 6.2　硬盘内部结构

　　磁头盘片组件和印制电路板组件是硬盘内部的主要部分。磁头盘片组件也称为头盘组件,如图 6.3 所示。磁头盘片组件是构成硬盘的核心,被封装在硬盘的腔体内,包括有浮动磁头组件、磁头驱动机构、盘片、主轴组件及前置控制电路这几个部分。

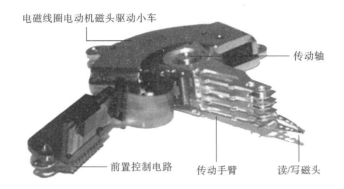

图 6.3　磁头盘片组件

硬盘利用特定的磁粒子的极性来记录数据。磁头在读取数据时,将磁粒子的不同极性转换成不同的电脉冲信号,再利用数据转换器将这些原始信号编成计算机可以使用的数据,写的操作正好相反。硬盘电路的原理框图如图 6.4 所示。

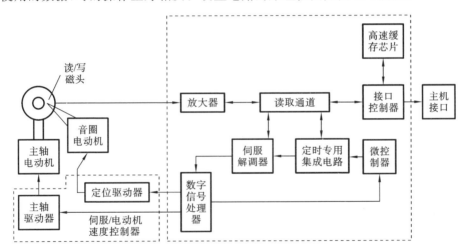

图 6.4　硬盘电路的原理框图

在图 6.4 所示的硬盘电路原理示意图中,左侧虚线框内为主轴驱动电路,右侧虚线框为前置控制电路。硬盘工作时,主轴电动机带动盘片旋转。磁头通过音圈电动机驱动,以音圈电动机为轴心,沿盘片直径方向做内外圆弧运动。磁头通过感应旋转的盘片上磁场的变化来读取数据;通过改变盘片上的磁场来写入数据。磁头将存储在硬盘盘片上的磁信息转化为电信号向外传输。

磁头上的磁头芯片用于放大磁头信号、逻辑分配磁头及处理音圈电动机反馈信号等,经过前置控制电路处理后传输给接口控制器。当接口电路接收到指令信号,通过前置放大控制电路,驱动音圈电动机发出磁信号,根据感应阻值变化的磁头对盘片数据信息进行正确定位,并对接收后的数据进行信息解码,通过放大控制电路传输到接口电路,通过主机接口反馈给主机系统完成指令操作,没能及时处理的数据暂存在高速缓存芯片中。

前置放大电路控制磁头感应的信号、主轴电动机调速、磁头驱动和伺服定位等。由于磁头读取的信号微弱,将放大电路密封在腔体可以减少外来信号的干扰,提高操作指令的准确性。

综上所述,硬盘驱动读取系统控制目标就是将磁头准确定位,即磁盘在 1 cm 内对 5000 多个磁道进行读写,这意味着每个磁道的理论宽度仅为 1 μm。因此,磁盘驱动系统对磁头的定位精度和磁头在磁道间移动的精度必须满足工作要求。硬盘驱动读取系统设计指标主要有:位置精度 1 μm、磁头由磁道 a 到磁道 b 的时间<10 ms(平均寻道时间)、超调量<5%、调节时间<0.25 s、对单位阶跃干扰的最大响应值<5×10^{-3} mm。

6.2.2 硬盘控制建模

分析图 6.3 所示的磁盘驱动器结构,可以发现磁盘驱动器读取装置的设计目标是准确定位磁头,以便正确读取磁盘磁道上的信息。因此,需要实施精确控制的变量是磁头位置。磁盘的旋转速度一般在 1800~7200 r/min,位置精度指标要求达到 1 μm。也就是通过对电动机驱动磁头臂的闭环控制达到预期位置(输入量),输出量为实际磁头位置,执行机构为音圈电动机/永磁直流电动机,传感器为扇区伺服,具体框图如图 6.5 所示。

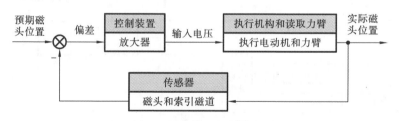

图 6.5 磁盘驱动器读取控制框图

根据硬盘的结构设计,磁盘驱动器读取系统典型参数如表 6-1 所示。

表 6-1 磁盘驱动器读取系统典型参数

参 数	符 号	典 型 值
手臂与磁头的转动惯量	J	1 N·m·s^2/rad
摩擦因数	b	20 N·m·s/rad
放大器系数	K_a	10~1000
电枢电阻	R	1 Ω
电动机系数	K_m	5 N·m/A
电枢电感	L	1 mH

根据表 6-1 所示的磁盘驱动器读取系统的典型参数,采用第 2 章的知识,根据机械系统和电气系统建模,可得以预期磁头位置作为输入量 $R(s)$,实际磁头位置作为系统输出量 $Y(s)$ 的传递函数,有

$$G(s) = \frac{K_m}{s(Js+b)(Ls+R)} = \frac{5000}{s(s+20)(s+1000)}$$

也可以将 $G(s)$ 改写为

$$G(s) = \frac{K_m/(bR)}{s(\tau_L s+1)(\tau s+1)}$$

式中:$\tau_L = J/b = 50$ ms,$\tau = L/R = 1$ ms。

若为简化系统,由于 $\tau \ll \tau_L$,因此 τ 可忽略不计,从而可以得到 $G(s)$ 的二阶近似模型

$$G(s) \approx \frac{K_m/(bR)}{s(\tau_L s+1)} = \frac{0.25}{s(0.05s+1)}$$

或

$$G(s) = \frac{5}{s(s+20)}$$

针对图 6.5 所示的传感器,其传递函数为 1,控制装置等价成一个增益为 K_a 的比例环节,则其闭环系统的方框图如图 6.6 所示。

运用方框图等效简化规则,可得该闭环系统的传递函数为

图 6.6　闭环系统的方框图

$$\frac{Y(s)}{R(s)} = \frac{K_a G(s)}{1+K_a G(s)}$$

将 $G(s)$ 的二阶近似模型代入上式,可以得到

$$\frac{Y(s)}{R(s)} = \frac{5K_a}{s^2+20s+5K_a}$$

根据硬盘的放大器设计要求,这里 $K_a = 40$,可以得到

$$Y(s) = \frac{200}{s^2+20s+200} R(s)$$

6.3　MATLAB 简介

6.3.1　MATLAB 简介

在自动控制领域有大量复杂烦琐的计算与仿真曲线绘制任务。随着计算机的广泛应用,许多重复烦琐的工作都可以由计算机完成,但需要编制计算机程序。MATLAB及其工具箱和 Simulink 仿真工具的出现为控制系统的设计与仿真提供了

强有力的帮助,使控制系统分析设计的方法发生了革命性的变化。目前,MATLAB已成为控制领域最流行的软件之一。

时域分析是指控制系统在一定的输入下,根据输出量的时域表达式,分析系统的稳定性、瞬态和稳态性能。由于时域分析是直接在时域中对系统进行分析的方法,所以时域分析具有直观和准确的优点。应用 MATLAB 可以方便、快捷地对控制系统进行时域分析。由于系统闭环极点在 s 平面上的分布决定了控制系统的稳定性,所以判断系统的稳定性,只需要确定系统闭环极点在 s 平面上的分布。利用 MATLAB命令可以快速求出闭环系统零极点并绘制其零极点图,也可以方便地绘制系统的响应曲线。

频域分析法是应用频率特性研究线性控制系统的一种经典方法,采用这种方法可直观表示系统的频率特性。该分析方法比较简单,物理概念明确,对于诸如防止结构谐振、抑制噪声、改善系统稳定性和暂态性能等问题,都可从系统的频率特性上明确看出其物理实质和解决途径。MATLAB 提供了求取系统伯德图 bode()函数、奈奎斯特图 nyquist()函数和尼克尔斯曲线 nichols()函数的模块。

MATLAB 主要包括主包、Simulink 和工具箱三大部分。启动 MATLAB,在显示欢迎界面后将打开 MATLAB 的桌面平台(desktop),在默认情况下的桌面平台包含几个主要窗口,分别是 MATLAB 主窗口、命令窗口(command window)、当前目录窗口(current directory)、工作空间管理窗口(workspace)、历史窗口(command history)等。所有窗口均可以通过拖拽的方式调整其布局及大小,若要回到预设的桌面配置,可点选"Desktop"→"Desktop Layout"→"Default",即可使 MATLAB 工作界面窗口恢复默认状态。这里以 MATLAB R2016a 版本为例,工作界面如图 6.7所示。

图 6.7 MATLAB R2016a 工作界面

6.3.2　MATLAB Simulink

MATLAB 也提供了 Simulink 模块,用户只要在 Simulink 环境下构建出系统的方块图,通过一些仿真参数的设置,就可得到系统的相关性能。在 Simulink 中创建系统模型的步骤如下。

步骤 1　新建一个空白的模型窗口(只有在模型窗口中才能创建用户自己的系统模型)。依次单击 Simulink 模块库浏览器的"File"→"New"→"Model",将弹出一个如图 6.8 所示的模型窗口,其示波器 Scope 显示如图 6.9 所示。

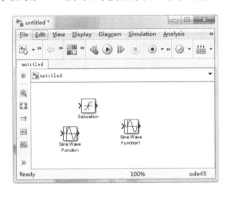

图 6.8　模型窗口　　　　　图 6.9　Scope 显示

步骤 2　在 Simulink 模块库浏览器中,将创建系统模型所需要的功能模块用鼠标拖放到新建的模型窗口中,如图 6.10 所示。

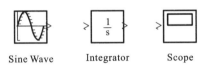

图 6.10　拖放模块

步骤 3　将各个模块用信号线连接,设置仿真参数,保存所创建的模型(后缀名为".mdl"),如图 6.11 所示。

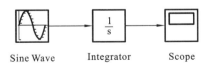

图 6.11　连接模块

步骤 4　点击模型窗口中的按钮 ▶,运行仿真。

关于 MATLAB 更详细的知识,可以阅读相关书籍,在此不作过多介绍。

6.4 硬盘控制系统校正

6.4.1 硬盘控制系统性能分析

根据 6.2.2 节,可知硬盘控制系统开环传递函数为

$$G(s) = \frac{5000}{s(s+20)(s+1000)}$$

放大器系数 $K_a = 10 \sim 1000$,这里取 $K_a = 80$,故其闭环传递函数为

$$\Phi(s) = \frac{5000K_a}{s(s+20)(s+1000)+5000K_a} = \frac{400000}{s^3+1020s^2+20000s+400000}$$

根据时域响应分析方法,以单位阶跃信号作为输入,分析获得的时间响应分析结果,得其性能指标。在 MATLAB 中仿真单位阶跃响应程序如下。

```
clear all;
num=400000;
den=[1 1020 20000 400000];
sys=tf(num,den);
t=1;
step(sys,t)
xlabel('t');ylabel('y(t)');
title('step response');
grid on;
```

运行程序,得到系统单位阶跃响应如图 6.12 所示。

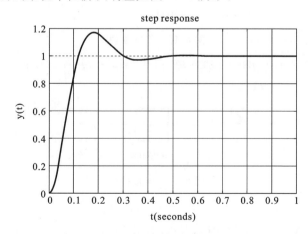

图 6.12 硬盘控制系统单位阶跃响应

根据图 6.12 和时域性能指标定义,硬盘控制系统的指标数据如下。

上升时间 t_r:0.12 s

超调时间 t_p:0.182 s

调节时间 t_s:0.496 s

超调量 M_p:17%

这显然不满足硬盘设计要求,故需要对该控制系统进行校正设计。

系统稳定性与特征根的分布有关,采用 MATLAB 求根命令,可求系统特征根(见图 6.13)。具体程序如下。

$\gg$ p＝roots(den)

pzmap(sys);

grid on;

运行程序,得到如下结果。

p＝

　　1.0e＋03*

　　－1.0004＋0.0000i

　　－0.0098＋0.0174i

　　0.0098－0.0174i

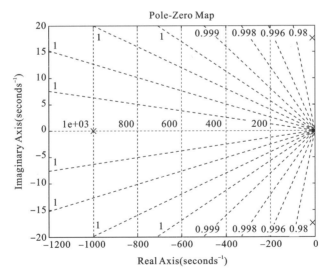

图 6.13　系统零极点分布

根据运行结果可知,系统的特征根都具有负实部,或者说系统的特征根都位于复平面的左半部,故此系统是一个稳定系统。

当然,也可以在频域范围内分析系统的性能,频域内系统性能指标主要有幅值裕度、相位裕度、穿越频率和截止频率。

在 MATLAB 中得到系统校正前的伯德图,其实现程序如下。

num＝400000;

den＝[1 1020 20000 0];

sys＝tf(num,den);

margin(sys);

运行程序得到校正前系统的伯德图,如图 6.14 所示。

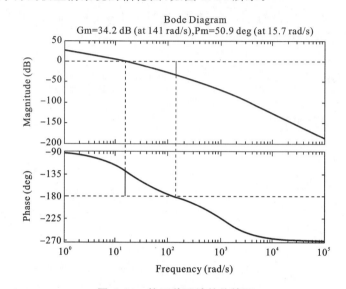

图 6.14　校正前系统的伯德图

由伯德图可知

原传递函数的截止频率 ω_c:141 rad/s

原传递函数的穿越频率 ω_g:15.5 rad/s

原传递函数的幅值裕度 γ:50.9°

原传递函数的相位裕度 $|G(j\omega_c)|$:34.2 dB

6.4.2　硬盘控制系统时域校正

对于主动控制,工程领域常采用串联校正。校正环节的结构通常采用超前校正、滞后校正和滞后-超前校正三种类型,也就是工程上常用的 PID 调节器。下面将利用 MATLAB 对硬盘控制系统进行系统校正。PID 参数增大时对系统时域性能指标的影响如表 6-2 所示。

各参数与性能指标之间的关系不是绝对的,只是表示一定范围内的相对关系。

1. P 校正装置

由于未校正系统的上升时间较长,这里首先选择 P 校正装置,减小上升时间和稳态误差,但超调量会增大,其校正框图如图 6.15 所示。

表 6-2　PID 参数对系统时域指标影响

参 数 名 称	上 升 时 间	超　调　量	过渡过程时间	稳态误差
K_P	减小↓	增大↑	微小变化	减小↓
K_I	减小↓	增大↑	增大↑	消除
K_D	微小变化	减小↓	减小↓	微小变化

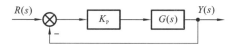

图 6.15　P 校正

根据图 6.15,可得系统开环传递函数为

$$G_k(s) = \frac{400000 K_P}{s(s+20)(s+1000)}$$

系统闭环传递函数为

$$G(s) = \frac{G_k(s)}{1+G_k(s)} = \frac{400000 K_P}{s(s+20)(s+1000)+400000 K_P}$$

这里分别取系统的比例增益 $K_P = 1$、5、10 和 20,利用 MATLAB 绘制校正前后系统的单位阶跃响应曲线,其实现程序如下。

```
num1＝400000;
den1＝[1 1020 20000 400000];
sys1＝tf(num1,den1);
Kp＝1;
num2＝Kp * num1;
den2＝[1 1020 20000 Kp * 400000];
sys2＝tf(num2,den2);
Kp＝5;
num3＝Kp * num1;
den3＝[1 1020 20000 Kp * 400000];
sys3＝tf(num3,den3);
Kp＝10;
num4＝Kp * num1;
den4＝[1 1020 20000 Kp * 400000];
sys4＝tf(num4,den4);
Kp＝20;
num5＝Kp * num1;
```

den5＝[1 1020 20000 Kp * 400000];

sys5＝tf(num5,den5);

t＝1;

step(sys1,sys2,sys3,sys4,sys5,t)

运行程序,得到系统校正前后的单位阶跃响应曲线,如图 6.16 所示。

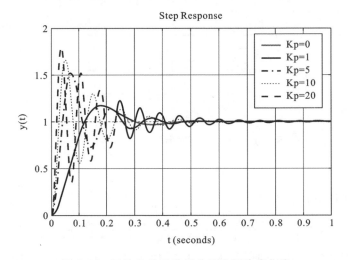

图 6.16　系统 P 校正前后单位阶跃响应曲线

　　由阶跃响应图可以看到,随着 K_P 的增大,系统的响应时间得到了明显改善,但其超调量也随之升高,需要对系统引入其他校正。

2. PD 校正装置

　　由于微分环节具有反映控制系统输入信号的变化速率,因此,将微分环节引入控制系统中,可使系统的输出及早得到修正。为此,在比例环节的基础上加上微分环节,系统闭环结构(校正框图)如图 6.17 所示。

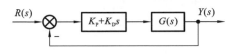

图 6.17　PD 校正

此时系统的闭环传递函数为

$$G(s)=\frac{400000(K_P+K_Ds)}{s^3+1020s^2+(20000+400000K_D)s+400000K_P}$$

仍选择 $K_P=10$,取 $K_D=15$。利用 MATLAB 绘制 PD 校正前后系统的单位阶跃响应曲线,其实现程序如下。

Kp＝10;

Kd＝0.1;

num1＝400000;

den1＝[1 1020 20000 400000];

sys1＝tf(num1,den1);

num2＝[400000 * Kd 400000 * Kp];

den2＝[1 1020 20000+400000 * KdKp * 400000];

sys2＝tf(num2,den2);

Kd＝0.2;

num3＝[400000 * Kd 400000 * Kp];

den3＝[1 1020 20000+400000 * KdKp * 400000];

sys3＝tf(num3,den3);

Kd＝0.5;

num4＝[400000 * Kd 400000 * Kp];

den4＝[1 1020 20000+400000 * KdKp * 400000];

sys4＝tf(num4,den4);

t＝1;

step(sys1,sys2,sys3,sys4,t)

运行程序,得到系统校正前后的单位阶跃响应曲线,如图 6.18 所示。

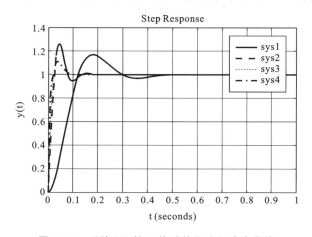

图 6.18　系统 PD 校正前后单位阶跃响应曲线

由图 6.18 所示的阶跃响应曲线可知,系统在 PD 校正下不仅响应速度得到了改善,其超调量也得到了有效抑制。

3. PID 校正装置

在比例-微分环节的基础上加上积分环节,通过比例环节立即产生控制作用,以减少偏差;利用积分环节消除稳态误差,提高系统的无差度;使用微分环节引入一个有效的早期修正信号,从而加快系统的动作速度,减小调节时间。系统闭环结构(校正框图)如图 6.19 所示。

此时系统的闭环传递函数为

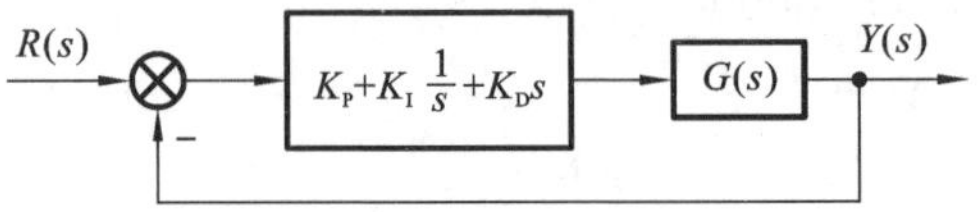

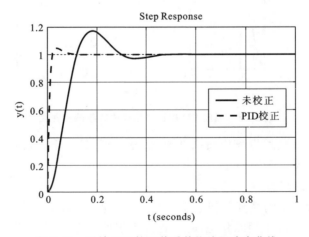

图 6.19　PID 校正

$$G(s)=\frac{400000\left(K_{\mathrm{P}}+K_{\mathrm{D}}s+K_{\mathrm{I}}\dfrac{1}{s}\right)}{s^3+1020s^2+(20000+400000K_{\mathrm{D}})s+400000K_{\mathrm{P}}+400000K_{\mathrm{I}}\dfrac{1}{s}}$$

仍选择 $K_{\mathrm{P}}=10,K_{\mathrm{D}}=15$,取 $K_{\mathrm{I}}=0.1$。利用 MATLAB 绘制 PID 校正前后系统的单位阶跃响应曲线,其实现程序如下。

```
Kp=10;
Kd=0.3;
Ki=0.1;
num1=400000;
den1=[1 1020 20000 400000];
sys1=tf(num1,den1);
num2=400000*[Kd Kp Ki];
den2=[1 1020 20000+400000*KdKp*400000 400000*Ki];
sys2=tf(num2,den2);
t=1;
step(sys1,sys2,t)
```

运行程序,得到系统校正前后的单位阶跃响应曲线,如图 6.20 所示。

Step Response

图 6.20　系统 PID 校正前后单位阶跃响应曲线

由图 6.20 所示的阶跃响应曲线可知,系统在 PID 校正下不仅响应速度得到了改善,而且其超调量也得到了有效抑制,处在设计要求的范围内。

在 MATLAB 中,除了使用编制程序来对系统进行校正,还可以采用 Simulink 模块直接建立方框图,进行参数设计与校正。Simulink 为用户提供了用方框图进行建模的图形接口,该软件的名字表明了该系统的两个主要功能:Simu(仿真)和 Link (连接),采用这种结构图模型就像用纸和笔画图一样容易。Simulink 是 MATLAB 的扩展,它与 MATLAB 的主要区别在于,与用户交互接口是基于 Windows 的模型化图形输入,使得用户可以把更多的精力投入到系统模型的构建,而非语言的编程上。

在 Simulink 中创建仿真系统模型的具体步骤如下。

步骤 1　激活 Simulink。

步骤 2　选择所需要的模块。

步骤 3　用连线连接各模块。

步骤 4　双击各模块,完成对模块的参数设置和修改。

创建如图 6.21 所示的 Simulink 动态结构图,设输入信号为单位阶跃信号,并通过观察响应曲线来选择 PID 参数。

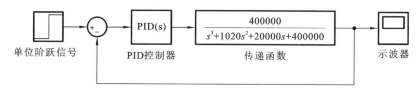

图 6.21　PID 校正

6.4.3　硬盘控制系统频域校正

根据前面分析,可知硬盘控制系统是一个单位反馈系统,其开环传递函数为

$$G_k(s) = \frac{5000K}{s(s+20)(s+1000)}$$

现要求稳态速度误差系数 $K_v \geqslant 20$,相位裕量 $\gamma(\omega_c) \geqslant 20°$,幅值裕量 $k_g \geqslant 3$ dB,幅值穿越频率 $\omega_c \geqslant 30$ rad/s。试设计无源串联校正装置。

将硬盘控制系统转化为标准传递函数形式,即

$$G(s) = \frac{0.25K}{s\left(\frac{1}{20}s+1\right)\left(\frac{1}{1000}s+1\right)}$$

显然,该系统由比例、积分和两个惯性环节组成。根据稳态误差的要求确定系统开环放大系数 K。因为未校正系统为 I 型系统,故 $K_v = 0.25K = 20$,即 $K = 80$。

所以,未校正系统的开环传递函数为

$$G(s) = \frac{20}{s\left(\frac{1}{20}s+1\right)\left(\frac{1}{1000}s+1\right)}$$

采用 MATLAB,作未校正系统的伯德图。在 MATLAB 中输入以下程序。

num＝400000；
den＝[1 1020 20000 0]；
sys＝tf(num,den)；
bode(sys)；
[Gm,Pm,Wcg,Wcp]＝margin(sys)；
grid on；

运行程序,得到未校正系统的伯德图,如图 6.22 所示。

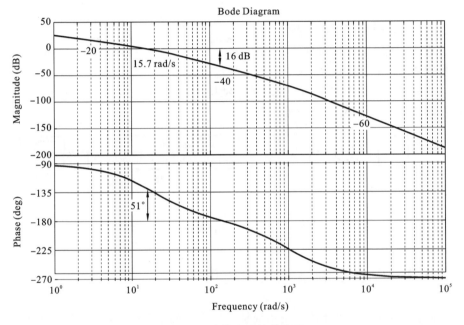

图 6.22　未校正系统伯德图

采用 MATLAB 的幅值和相位裕量命令 margin,可求得相位裕量 $\gamma(\omega_c)＝51°$,幅值裕量 $k_g＝16$ dB,幅值穿越频率 $\omega_c＝15.7$ rad/s,尽管幅值裕量和相位裕量满足要求,但幅值穿越频率偏小,快速性不满足要求。

为此,考虑到未校正系统的裕量有剩余,在这里可以只采用简单的 P 校正装置,也就是增加 K_p 值,提高幅值穿越频率,即

$$G(s)＝\frac{20K_P}{s\left(\frac{1}{20}s+1\right)\left(\frac{1}{1000}s+1\right)}$$

在伯德图上查原系统在 30 rad/s 处对数幅频特性的分贝值为 -8.65 dB,为使校正后系统的幅值在频率 30 rad/s 处穿越零 dB 线,必须有

$$20\lg K_p＝8.65$$

即,$K_p＝2.707$,故校正后的开环传递函数为

$$G(s) = \frac{54.14}{s\left(\frac{1}{20}s+1\right)\left(\frac{1}{1000}s+1\right)}$$

同理,采用 MATLAB 可以获得校正后系统的伯德图,如图 6.23 所示。

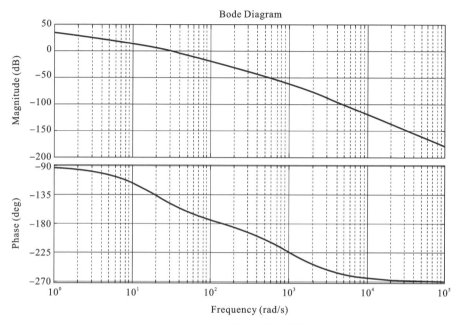

图 6.23   校正后系统的伯德图

从图 6.23 可以看出,校正后满足设计要求。

6.5   磁悬浮小球系统校正

在 2.6 节图 2.64 所示的磁悬浮小球系统中,为了尽量降低线圈上 微信扫一扫 的电流,减少磁悬浮小球系统的功耗,选择钢球为钕铁硼材质的强磁小球。永磁力可以抵消钢球的部分重力,电磁力主要是克服外界干扰力,保持小球始终悬浮在一个给定的位置。磁悬浮小球系统的其他参数如表 6-3 所示。

表 6-3   磁悬浮小球系统参数

参　　数	符　　号	典　型　值
小球质量	m	50 g
线圈电阻	R	16 Ω
线圈电感	L	120 mH
悬浮气隙	x_0	15 mm
偏置电流	i_0	1.5 A
结构系数	K	3.3×10^{-5} Nm²/A²

将表 6-3 数据代入式(2-75),可得在无外力作用下,电流控制方式下的磁悬浮小球系统传递函数为

$$\frac{X(s)}{I(s)} = \cfrac{1}{\cfrac{i_0}{2g}s^2 + \cfrac{i_0}{x_0}} = \cfrac{1}{\cfrac{1.5}{2 \times 9.8}s^2 + \cfrac{1.5}{0.015}} = \frac{1}{0.0765s^2 + 100}$$

根据第 3 章学习的劳斯稳定判据,系统稳定的必要条件是传递函数分母中的各项系数必须大于零。显然,该传递函数特征方程缺少一次项(或一次项系数等于零),由此可以得出以下两个推论。

(1) 采用电流放大器的磁悬浮小球系统如果不施加控制,系统是不稳定的。

(2) 采用电流放大器的磁悬浮小球控制系统必须包含一次项,即控制系统必须含有微分控制环节。

将表 6-3 所示数据代入式(2-78),可得在无外力作用下,电压控制方式下的磁悬浮小球系统传递函数为

$$\frac{X(s)}{U(s)} = \cfrac{1}{\left(\cfrac{i_0}{2g}s^2 + \cfrac{i_0}{x_0}\right)(R + Ls)} = \cfrac{1}{\left(\cfrac{1.5}{2 \times 9.8}s^2 + \cfrac{1.5}{0.015}\right)(16 + 0.12s)}$$

$$= \frac{108.93}{s^3 + 133.33s^2 + 1307.19s + 174291.94}$$

尽管电压控制的特征方程的系数都大于零,但是特征根不全部为负数,该系统也是不稳定的,需要进行校正。本节只对电压控制方式下的磁悬浮小球系统进行控制系统的设计。

MATLAB 除了提供命令语句和 Simulink 模块进行控制系统设计外,还有 PID Tuner 模块,可以进行 PID 控制算法的设计,运行界面如图 6.24 所示。

在 MATLAB 中输入:G=tf([108.93], [1 133.33 1307.19 174291.94]),定义系统的传递函数 G。从 PID Tuner 界面上选择"Plant",点击"Import",输入传递函数 G,如图 6.25 所示。

系统经过自动参数选择,默认采用 P 校正,可以发现系统振荡、发散,如图 6.26 所示。因此,磁悬浮小球系统只采用 P 校正是不能稳定的。

为此,改变校正装置类型,点击"Type"右边的下拉条,选择"PID",设置上升时间(Response Time)、瞬态特性(Transient Behavior),可以获得 PID 校正的阶跃响应,如图 6.27 所示。

当然,可以选择"Domain"下的"Frequency"选项,通过设置频域指标,对磁悬浮小球系统进行控制系统设计,如图 6.28 所示。相关更详细的资料可以参考 MATLAB 的帮助文件。

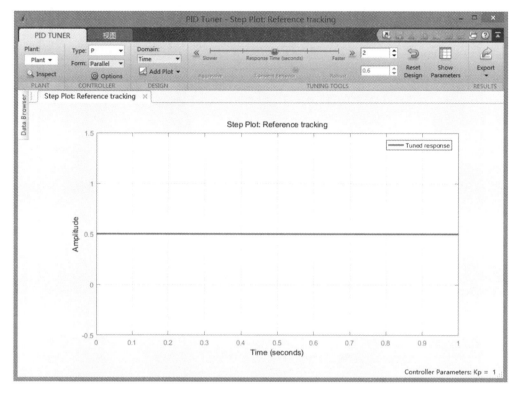

图 6. 24 PID Tuner 界面

图 6. 25 模型选择界面

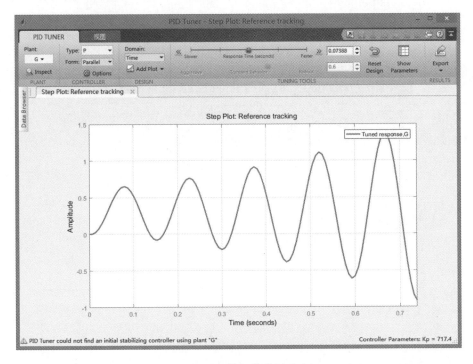

图 6. 26 P 校正的阶跃响应

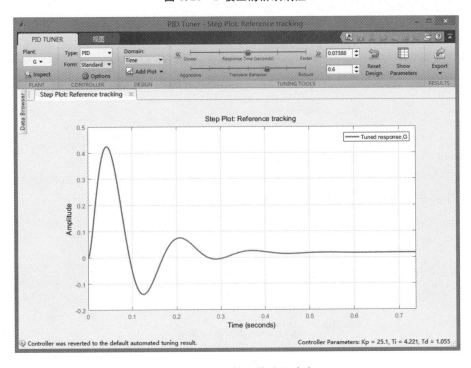

图 6. 27 PID 校正的阶跃响应

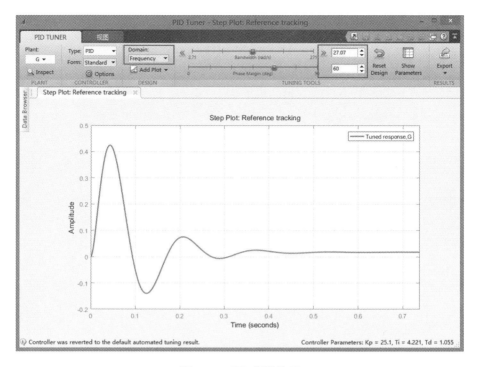

图 6.28 PID 频域校正

本 章 小 结

应用 MATLAB 设计控制系统,为控制理论和工程应用架起了一座便捷的桥梁,可提高系统设计的效率和质量。本章主要内容如下。

(1) 通过对硬盘系统工作原理的介绍,建立了电动机驱动磁头预期位置为输入量,实际磁头位置为输出量的数学模型,给出了系统设计要求。

(2) 介绍了 MATLAB 的基本功能,并采用时域分析法和频域分析法阐述了磁悬浮小球控制系统的校正过程,使读者能够掌握控制系统计算机辅助设计。

习 题

6-1 设单位反馈系统的开环传递函数为

$$G_k(s) = \frac{K}{s(0.1s+1)(0.01s+1)}$$

试利用 MATLAB 设计串联校正装置,使系统特性满足下列指标:

(1) 静态速度误差系数 $K_v = 250$;

(2) 截止频率 $\omega_b \geqslant 30$ rad/s;

（3）相位裕量 $\gamma(\omega_c) \geqslant 45°$。

6-2 某温度控制系统,设单位反馈系统的开环传递函数为

$$G_k(s) = \frac{K}{s(s+1)(0.5s+1)}$$

要求稳态速度误差系数 $K_v = 10$,相位裕量 $\gamma(\omega_c) \geqslant 50°$,幅值裕量 $k_g \geqslant 10$ dB,幅值穿越频率 $\omega_c \geqslant 12$ rad/s。试采用 MATLAB 来设计无源串联校正装置。

参 考 文 献

[1] 王积伟,吴振顺. 控制工程基础[M]. 2 版. 北京:高等教育出版社,2010.

[2] 董景新,赵长德,郭美凤,等. 控制工程基础[M]. 4 版. 北京:清华大学出版社,2015.

[3] 胡寿松. 自动控制原理[M]. 6 版. 北京:科学出版社,2016.

[4] 杨叔子,杨克冲. 机械工程控制基础[M]. 6 版. 武汉:华中科技大学出版社,2011.

[5] KATSUHIKO OGATA. Modern Control Engineering(Fifth Edition)[M]. Prentice Hall / Pearson,2010.

[6] 张尚才. 控制工程基础[M]. 杭州:浙江大学出版社,2012.

[7] 研究生入学考试考点解析与真题详解——自动控制原理[M]. 北京:电子工业出版社,2008.

[8] 张建. 硬盘维修完全学习手册[M]. 北京:清华大学出版社,2010.

[9] 张德丰. MATLAB 自动控制系统设计[M]. 北京:机械工业出版社,2010.

[10] 张德丰. MATLAB 控制系统设计与仿真[M]. 北京:清华大学出版社,2014.

[11] 张袅娜,冯雷. 控制系统仿真[M]. 北京:机械工业出版社,2014.

[12] RICHARD C DORF,ROBERT H,BISHOP. Modern Control System[M]. Publishing House of Electronics Industry,2011.

[13] 胡业发,周祖德,江征风. 磁力轴承的基础理论与应用[M]. 北京:机械工业出版社,2006.

二维码资源使用说明

    本书部分课程资源以二维码的形式在书中呈现,读者第一次利用智能手机在微信下扫码成功后提示微信登录,授权后进入注册页面,填写注册信息。按照提示输入手机号后点击获取手机验证码,稍等片刻收到 4 位数的验证码短信,在提示位置输入验证码成功后,重复输入两遍设置密码,点击"立即注册",注册成功。(若手机已经注册,则在"注册"页面底部选择"已有账号?绑定账号",进入"账号绑定"页面,直接输入手机号和密码,提示登录成功。)接着提示输入学习码,需刮开教材封底防伪涂层,输入 13 位学习码(正版图书拥有的一次性使用学习码),输入正确后提示绑定成功,可查看二维码数字资源。即可查看二维码数字资源。手机第一次登录查看资源成功后,以后在微信端扫码可直接微信登录进入查看。

    本书配套的习题集参考答案需要输入二次密钥,任课老师可联系 hustp_jixie@163.com 索取密钥。